江苏省高等学校重点教材（编号：2021-2-232）
职业教育物联网应用技术专业系列教材

物联网Python编程实战

主　编　李　博　王　艇　杨　永
副主编　贾艳丽　杜　锋　周丽红
参　编　刁志刚　许金星　张维鹏

机械工业出版社

本书为江苏省高等学校重点教材，也是国家职业教育电子产品制造技术资源库及省级电子信息工程技术专业群教学资源库配套教材。

本书在介绍物联网的组成、典型架构和应用的基础上，详细介绍了 Python 编程基础与代码实例分析。全书共 9 个单元，涉及的知识包括 Python 语法基础、数据结构、面向对象、MicroPython 基础、二维码制作与识别、图像处理与图形识别、人脸检测、可视化平台设计等。全书以 Python 作为实现工具，着力培养读者利用 Python 语言解决各类实际问题的开发实战能力。

本书可以作为职业院校物联网应用技术及相关专业的教材，也可作为各类工程技术与科研人员的参考书。

本书配有电子课件等教学资源，选用本书作为授课教材的教师可登录机械工业出版社教育服务网（www.cmpedu.com）注册后免费下载，或联系编辑（010-88379194）咨询。本书还配有二维码视频，读者可扫码观看。

图书在版编目（CIP）数据

物联网 Python 编程实战 / 李博，王艇，杨永主编. -- 北京：机械工业出版社，2024.10. -- （职业教育物联网应用技术专业系列教材）. -- ISBN 978-7-111-76841-8

Ⅰ. TP311.561

中国国家版本馆 CIP 数据核字第 20240TA072 号

机械工业出版社（北京市百万庄大街 22 号　邮政编码 100037）
策划编辑：李绍坤　　　　　　责任编辑：李绍坤　张翠翠
责任校对：郑　婕　张昕妍　　封面设计：马若濛
责任印制：李　昂
北京捷迅佳彩印刷有限公司印刷
2025 年 1 月第 1 版第 1 次印刷
184mm×260mm・14.25 印张・309 千字
标准书号：ISBN 978-7-111-76841-8
定价：47.00 元

电话服务　　　　　　　　　　网络服务
客服电话：010-88361066　　　机　工　官　网：www.cmpbook.com
　　　　　010-88379833　　　机　工　官　博：weibo.com/cmp1952
　　　　　010-68326294　　　金　书　网：www.golden-book.com
封底无防伪标均为盗版　　　机工教育服务网：www.cmpedu.com

　　本书从Python和物联网的典型应用开始，由浅入深、循序渐进地引领读者进入Python的世界，并通过案例讲解Python在物联网领域的应用。全书共9个单元。单元1重点介绍了物联网技术与Python语言的发展进程，以及二者结合后产生的一系列物联网创新产品。单元2从Python环境的安装到Python基本数据类型、基本语句结构、函数、包与模块、异常处理等介绍了Python程序设计的基础语法。单元3介绍了Python最常用的序列数据结构，为后续项目中数据的分析和处理做好了学习准备。单元4介绍了Python面向对象编程，让读者理解Python面向对象的设计理念。单元5介绍了MicroPython开发物联网终端和嵌入式单片机结合，重点讲述了MicroPython和OpenMV基本工具的使用以及机器视觉方面的典型示例。单元6介绍了二维码识别，该单元的设计主要是考虑到二维码在应用上的普遍性；在本单元中，企业智能仓储、智慧快递分拣等都有涉及，还引入相关技能竞赛二维码识别任务，从二维码生成原理、识别过程和实际创新应用等多方面进行了阐述。单元7引入Python中的图像处理库OpenCV，阐述了图片的多种存储形式及图片间的色彩转换、平滑滤波、边缘检测等方法。最后围绕相关技能竞赛图像识别任务，分别使用OpenCV库和OpenMV实现了图形形状的检测。单元8引入了Python在机器视觉领域里的典型应用——人脸检测；本单元分别使用OpenCV和OpenMV两种方式完成了人脸检测。单元9介绍了Python物联网综合项目，实现了传感器、STM32单片机、云端程序的开发，完成了从硬件端数据采集到无线传输和数据存储，最终通过Django框架搭建Web平台，实时显示采集数据的完整流程。

　　本书分模块、分层次的设计，让即使软件开发基础薄弱的学生也能体会到物联网项目的乐趣和创新，从而快速实现物联网产品的设计与开发。本书的主要编写特色包括：

　　1）坚持"岗课赛"融合，一体化内容设计。坚持"项目导向，任务驱动"原则，提高岗位适用性。由校企深度参与、联合编写，保证了教学内容的系统性、科学性、针对性和实用性。本书涉及的实战项目一方面来源于企业岗位工作任务，另一方面取自于相关技能竞赛赛项任务。

　　2）建设丰富的教材配套资源，适应数字化教材的需要。为更好地服务教师授课与学生学习，本书编写团队已经完成基础资源的建设，并配有学习任务手册、教学大纲、电子教案、电子课件、微课视频、企业案例、大赛案例等教学资源。其中，可以利用学习任务手册进行基于工作手册式的教学。

　　本书参考学时为64学时。

　　本书由李博、王艇、杨永担任主编，贾艳丽、杜锋、周丽红担任副主编，刁志刚、许金星、张维鹏参加编写。

　　由于编者水平有限，书中难免有疏漏之处，恳请各位读者批评指正。

编　者

二维码索引

序号	名称	图形	页码	序号	名称	图形	页码
1	1-1.物联网与Python的前世今生		2	9	2-7.Python break+continue+pass2		36
2	1-2.Python特点		8	10	2-8.Python匿名函数		38
3	2-1.Python环境安装		16	11	2-9.Python函数参数		39
4	2-2.Python变量类型		25	12	2-10.函数嵌套调用		39
5	2-3.Python运算符		25	13	2-11.局部与全局变量		44
6	2-4.Python条件语句		31	14	2-12.Python模块		47
7	2-5.Python循环语句		32	15	2-13.Python异常		49
8	2-6.Python循环嵌套		34	16	2-14.Python文件		49

（续）

序号	名称	图形	页码	序号	名称	图形	页码
17	3-1.Python字符串		58	25	4-4.面向对象三大特性-封装		87
18	3-2.Python列表		64	26	4-5.面向对象三大特性-继承		87
19	3-3.Python列表嵌套（应用）		64	27	4-6.面向对象三大特性-多态		89
20	3-4.Python元组		70	28	5-1.走进MicroPython新世界		94
21	3-5.Python字典		72	29	5-2.OpenMV安装		98
22	4-1.面向对象概念与产生过程		82	30	6-1.二维码生成原理		110
23	4-2.类和对象的定义		82	31	6-2.二维码识别（例程）		116
24	4-3.类和对象相关方法		83	32	6-3.感兴趣区域		120

（续）

序号	名称	图形	页码	序号	名称	图形	页码
33	6-4.感兴趣区域参数设置		120	41	7-4.圆形识别		160
34	6-5.二维码路径维护1		122	42	7-5.矩形识别		161
35	6-6.二维码路径维护2		122	43	8-1.OpenCV人脸检测		171
36	6-7.安全防撞1		122	44	8-2.程序演示		171
37	6-8.安全防撞2		122	45	9-1.Pyecharts库		182
38	7-1.图像处理基础		132	46	9-2.Django框架搭建Web平台		186
39	7-2.图像灰度化		139	47	9-3.气象数据采集系统硬件设计		198
40	7-3.图像二值化		143	48	9-4.气象数据采集系统软件设计		203

目录

前言

二维码索引

单元1　邂逅物联网与Python 1
1.1　物联网组成架构 2
1.2　物联网发展现状 3
1.2.1　终端设备 3
1.2.2　物联网操作系统 3
1.2.3　通信手段 4
1.2.4　网络建设 4
1.2.5　应用协议 5
1.2.6　物联网云平台 5
1.3　物联网典型应用 5
1.3.1　共享单车 6
1.3.2　智能家居 6
1.3.3　智慧农业 7
1.4　Python语言概述 8
1.4.1　Python发展现状 8
1.4.2　Python特性 9
1.5　物联网与Python 10
1.5.1　Python与终端 10
1.5.2　Python与网关 11
1.5.3　Python与云平台 12
1.5.4　物联网Python全栈开发 12
1.6　小结 12
1.7　习题 13

单元2　开启Python之旅 15
2.1　Python环境安装 16
2.1.1　Python版本的选择 16
2.1.2　环境安装 16

— VII —

2.2 开始编写Python程序 ... 23
2.2.1 源代码执行 ... 24
2.2.2 注释 ... 24
2.2.3 代码块和缩进 ... 24
2.2.4 继续和分隔 ... 25
2.2.5 输入和输出 ... 25
2.3 变量和数据类型 ... 25
2.3.1 变量 ... 25
2.3.2 常量 ... 27
2.3.3 数据类型 ... 28
2.4 条件与循环 ... 31
2.4.1 if语句 ... 31
2.4.2 while循环 ... 32
2.4.3 无限循环 ... 34
2.4.4 for-in循环 ... 34
2.4.5 跳出循环 ... 36
2.4.6 pass语句 ... 37
2.5 函数 ... 38
2.5.1 定义函数 ... 38
2.5.2 函数调用 ... 39
2.5.3 函数的参数 ... 39
2.5.4 内置函数 ... 43
2.6 变量进阶 ... 44
2.6.1 全局变量与局部变量 ... 44
2.6.2 global关键字 ... 45
2.6.3 nonlocal关键字 ... 45
2.6.4 变量作用域 ... 46
2.7 模块与包 ... 47
2.7.1 使用模块 ... 47
2.7.2 包 ... 48
2.8 异常处理 ... 49
2.9 小结 ... 52
2.10 习题 ... 52

单元3　玩转Python数据结构 ... 57
3.1　字符串 ... 58
3.1.1　索引和切片 ... 59
3.1.2　字符串运算符 ... 60
3.1.3　字符串格式化 ... 61
3.1.4　字符编码 ... 62
3.2　列表 ... 64
3.2.1　列表操作 ... 64
3.2.2　列表常用函数 ... 68
3.3　元组 ... 70
3.3.1　元组操作符 ... 71
3.3.2　元组内置函数 ... 71
3.4　字典 ... 72
3.4.1　字典操作符 ... 72
3.4.2　字典常用函数 ... 74
3.5　集合 ... 74
3.6　小结 ... 76
3.7　习题 ... 77

单元4　解读Python面向对象 ... 81
4.1　面向对象的概念 ... 82
4.1.1　类的定义与使用 ... 82
4.1.2　属性和方法 ... 83
4.1.3　访问限制 ... 85
4.2　继承与多态 ... 87
4.2.1　继承 ... 87
4.2.2　多态 ... 89
4.3　小结 ... 90
4.4　习题 ... 90

单元5　走进MicroPython新世界 ... 93
5.1　MicroPython简介 ... 94
5.2　OpenMV IDE环境安装 ... 98
5.3　OpenMV Cam特点 ... 102

  5.4 OpenMV Cam程序测试 104
    5.4.1 运行示例程序 104
    5.4.2 机器视觉模组程序烧写 106
    5.4.3 机器视觉模组调节焦距 107
  5.5 小结 108
  5.6 习题 108

单元6 Python二维码识别 109

  6.1 二维码码制原理 110
    6.1.1 二维码原理 110
    6.1.2 二维码编码过程 110
  6.2 Python二维码的生成与识别 113
    6.2.1 Python生成二维码 113
    6.2.2 Python二维码识别 114
  6.3 OpenMV二维码识别 116
    6.3.1 OpenMV二维码识别例程 116
    6.3.2 OpenMV二维码识别函数 118
    6.3.3 二维码图片处理 119
  6.4 嵌入式技能竞赛任务：二维码识别与处理 121
  6.5 AGV二维码导航 122
    6.5.1 AGV二维码导航路径铺设 123
    6.5.2 AGV二维码路径维护 124
    6.5.3 AGV操作安全规范 125
  6.6 AGV小车运行与调试 126
  6.7 小结 129
  6.8 习题 130

单元7 Python图像处理 131

  7.1 图像基本表示方法 132
    7.1.1 二值图像 132
    7.1.2 灰度图像 132
    7.1.3 彩色图像 133
  7.2 图像处理的基本操作 133
    7.2.1 OpenCV库的安装 133

- 7.2.2 图像的读取、显示和保存 134
- 7.2.3 图像通道的基本操作 136
- 7.2.4 图像属性的获取 138
- 7.3 图像的色彩空间转换 139
  - 7.3.1 OpenCV色彩空间类型转换 139
  - 7.3.2 NumPy色彩空间类型转换 140
  - 7.3.3 Pillow色彩空间类型转换 142
  - 7.3.4 图像二值化 143
- 7.4 图像滤波与轮廓检测 146
  - 7.4.1 高斯滤波 146
  - 7.4.2 均值滤波 148
  - 7.4.3 Canny边缘检测 150
  - 7.4.4 OpenCV中轮廓的查找与绘制 152
  - 7.4.5 OpenCV中轮廓的周长与面积 155
- 7.5 嵌入式技能竞赛任务：图形形状识别 157
  - 7.5.1 任务描述 157
  - 7.5.2 OpenCV图形形状识别任务实现 157
  - 7.5.3 OpenMV图形形状识别任务实现 160
  - 7.5.4 交通灯颜色识别任务实现 165
- 7.6 小结 167
- 7.7 习题 167

单元8 Python人脸检测 169

- 8.1 绘图基础 170
- 8.2 人脸检测 171
  - 8.2.1 OpenCV中级联分类器的使用 171
  - 8.2.2 人脸检测Python实现 172
- 8.3 人脸识别 173
  - 8.3.1 人脸识别原理 173
  - 8.3.2 LBPH人脸识别实现 173
  - 8.3.3 FisherFaces和EigenFaces算法人脸识别实现 176
- 8.4 OpenMV人脸识别 178
- 8.5 小结 180
- 8.6 习题 180

单元9　Python物联网综合实战 181

9.1　Pyecharts库 182
9.1.1　Pyecharts库简介 182
9.1.2　Pyecharts库创建视图 182

9.2　物联网后台Web开发 186
9.2.1　Django框架介绍 186
9.2.2　Django项目创建 187
9.2.3　Django与Pyecharts结合 190
9.2.4　Django与MySQL结合 193
9.2.5　Django操作MySQL数据 196

9.3　气象数据采集系统硬件设计 198
9.3.1　无线通信节点设计 198
9.3.2　空气温湿度传感器 201
9.3.3　气压传感器 202

9.4　气象数据采集系统软件设计 203
9.4.1　无线通信实现 204
9.4.2　温湿度数据采集软件实现 205
9.4.3　气压数据采集软件实现 207
9.4.4　数据采集存储 210

9.5　温湿度采集数据可视化显示 211
9.6　小结 214
9.7　习题 214

参考文献 215

单元 1

邂逅物联网与Python

学习目标

知识目标

- 了解物联网的基本概念。
- 了解物联网的基本硬件组件。
- 掌握Python编程语言的特点。
- 熟悉Python语言在物联网中的典型应用。

能力目标

- 能够理解Django框架在云平台开发中的应用。
- 能结合生活实际发现物联网方向的创新案例。

素质目标

- 具备善于观察与分析的工程思维。
- 具备敢于思辨的创新意识。

物联网是新一代信息技术的重要组成部分,也是信息化时代的重要发展阶段。随着移动互联网的增速放缓,物联网无疑是当前发展最为火热的科技行业之一。依靠简单的语法、丰富的库、高效的开发效率,Python覆盖了越来越多的IT领域,如科学技术、服务器后端、网络爬虫、自动化运维等,成为目前上升势头非常强劲的编程语言。

1.1 物联网组成架构

物联网作为一个系统网络,与其他网络一样,也有内部特有的架构。大体上来说,物联网由端、管、云三大部分组成。端,代表终端设备,负责真实世界的感知和控制,是物联网的最底层;管,即管道,是物联网的网络核心,一切数据和指令均靠管道来传输,是物联网的中间层;云,即云平台,负责真实世界数据的存储、展示、分析,是物联网的最上层,是中枢和大脑,也是连接人和物的纽带。图1-1所示为物联网的组成架构。可以看出,终端是多种软/硬件的集合,是一个带有感知、控制、通信能力的智能硬件,具体包含处理器、存储器、传感器、执行器、多媒体信息源、操作系统、人机交互终端、通信设备等。

感控层,一般也称为设备层,主要包含低带宽传感器、高带宽视频监控传感器、各种定位技术设备、电动机等控制制动设备。传感器进行各种数据的实时数据上报、报警事件收集。传感器众多,为了更有效地利用网络带宽,在传输前需要对数据进行聚合处理。

传输层一般也称网络层,是连接物联网平台和传感器或控制器的关键层,所有的数据和控制命令必须通过网络通信组件传输,产业链有专门做通信模块的厂商。

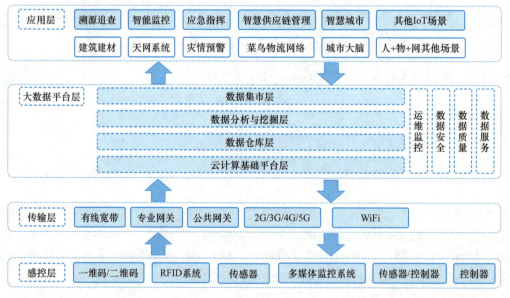

图1-1 物联网的组成架构

大数据平台层具有设备管理、认证授权、数据存储、规则引擎等功能。物联网的数据也分为结构化数据、非结构化及半结构化数据。例如,温湿度传感器就是很常见的结构化数据,视频和文件是很常见的非结构化数据。通常,设备侧会产生海量数据的低成本存储,需要经过数据分析,计算并形成有信息含量的数据后进行二次存储。

不同物联网平台的标准不同,因此存在大量多源异构的数据,需要在接入层接入第三方系统时建立适配层，解决统一数据的标准和格式。

在应用层，各个系统通过调用物联网平台提供的开放接口，实现物联网端设备的管理、传感器数据的上报、控制命令的下发等，和业务流一起构成一整套闭环产品，应用领域包括远程环境监测、智能社区、智慧农业、工业物联网等。

作为企业转型和升级的一种路径，物联网是要解决问题的，因此一定要适度设计和使用，考虑好系统架构的轻重、安全的要求，结合信息化改造成本和实际的效果，不要过分夸大物联网的实际价值。要与业界大的平台公司和产品公司合作，复用业界已经成熟的协议、平台、产品，形成最佳的系统方案。

1.2　物联网发展现状

物联网是一个非常复杂、庞大的体系，需要多方面共同构建实现，例如，需要半导体厂商提供处理、存储等的芯片，需要运营商建设物联网网络，需要互联网企业提供后台服务，还需要集成商的整合。实际上，国内外多个科技巨头都加入了这场科技盛宴，不遗余力地促进物联网的发展。

1.2.1　终端设备

随着手机、平板计算机等移动设备量增速的放缓，ARM、NXP、TI、高通等半导体厂商均将发力点转移到物联网领域，打造针对物联网的专业芯片。

中国移动推出全球首款eSIM 2G基带芯片。此款芯片仅有指甲壳大小，具有空中写卡、自动接入中国移动物联网开放平台OneNET、基础数据采集和低功耗等特色功能。此外，在CES Asia 2017展会上，中国移动发布了全球尺寸最小的NB-IoT通信模组M5310。其采用海思Hi2110芯片，支持eSIM技术和OneNET平台协议，适合物联网终端的无线连接，能够有效地解决当前物联网的诸多问题。

1.2.2　物联网操作系统

1）ARM mbed OS是ARM公司专为物联网中的"物体"设计的开源嵌入式操作系统，主要支持ARM Cortex-M微控制器。

2）Contiki OS是一个开源物联网操作系统，将小型、低成本、低功耗控制器连接到互联网，是构建复杂无线系统的强大工具箱。

3）Zephyr是一个可扩展的实时操作系统，支持多种硬件结构，针对资源有限的设备进行了优化，并以安全性为基础构建，由Linux基金会托管。

4）Huawei LiteOS是华为公司的操作系统，是轻量级的开源物联网操作系统、智能硬件使能平台，可广泛应用于智能家居、穿戴式、车联网、制造业等领域，使物联网终端的开发更加简单、互联更加容易、业务更加智能、体验更加顺畅、数据更加安全。

5）Ostro是基于Linux并且为物联网智能设备特别量身定做的开源操作系统，可以为任意数量的物联网特别定制功能，包含Linux参考设计、软件包安装和管理机制。除此之外，它的开发工具可以让设备上的连接潜力扩展到最大。Ostro不仅提供了管理众多设备的工具，更重要的是还能保障物联网世界的安全，支持Node.JS、Python和C/C++等多种应用编程框架。

6）Android Things是Google推出的全新物联网操作系统。其前身是物联网平台Brillo，除了继承Brillo的功能之外，还加入了Android Studio、Android SDK、Google Play服务及Google云平台等Android开发者熟悉的工具和服务。任何Android开发者都可以利用Android API和Google服务轻松构建智能联网设备。同时，Android Things天生支持物联网通信协议Weave，可让所有类型的设备能够连接云端并提供服务。

1.2.3 通信手段

LoRa是LPWAN（低功耗广域网）通信技术中的一种，是美国Semtech公司采用和推广的一种基于扩频技术的超远距离无线传输方案。这一方案改变了以往关于传输距离与功耗的折中考虑方式，为用户提供了一种能够简单实现远距离、长电池寿命、大容量的系统，进而扩展传感网络。目前，LoRa主要在全球免费频段运行，包括433MHz，868/915MHz等。LoRa联盟是由Semtech牵头成立的一个开放、非营利组织。目前联盟已经发展成员公司150余家，其中不乏IBM、思科、法国Orange等重量级的厂商。产业链中的每一个环节均有大量的企业参与。这种技术的开放性、竞争与合作的充分性都促进了LoRa的快速发展与生态繁荣。

ZigBee是一种近距离、低复杂度、低功耗、低速率、低成本的双向无线通信技术。其自组网、自恢复能力强，对于井下定位、室外温湿度采集、污染采集等应用非常具有吸引力。ZigBee技术的安全性较高，其安全性源于系统性的设计：采用AES加密，严密程度相当于银行卡加密技术的12倍；采用蜂巢结构组网，每个设备都通过多个方向与网关通信，保障网络的稳定性；每个设备还具有无线信号中继功能，可以接力传输通信信息，将无线距离扩大到1000m以外；网络容量理论节点为65 300个；双向通信能力不仅能发送命令到设备，同时设备也会把执行状态和相关数据反馈回来；采用极低的功耗设计，可以全电池供电，在理论上，一节电池能使用两年以上。

NB-IoT聚焦低成本、广覆盖的物联网市场，是一种可在全球范围内广泛应用的新兴技术，具有覆盖面广、连接多、速率低、成本低、架构优等特点。NB-IoT使用License频段，可采取带内、保护带或独立载波3种部署方式，与现有的网络共存。NB-IoT的一个扇区能够支撑10万个连接，功耗仅为2G的1/10，终端模块的待机时间可长达10年，模块成本有望降至5美元之内。

1.2.4 网络建设

随着全球经济的快速发展，人工智能、大数据、智能制造等技术不断成熟，物联网时代正逐渐到来。

我国先后在江苏无锡、浙江杭州、福建福州、重庆南岸区、江西鹰潭等地建设了五大物联网新型工业化产业示范基地。国家物联网应用示范工程在多个行业领域展开，是诸多行业实现精细化管理，提升行业效率，以及进行智能化运行的底层支撑。

1.2.5 应用协议

为了满足物联网通信的特殊性，IBM为物联网推出专用的通信协议——MQTT。该协议支持所有平台，几乎可以把所有的物联网物品和外部连接起来，专门针对计算能力有限且工作在低带宽、不可靠网络的远程传感器和控制设备而设计。目前，MQTT已经在物联网行业广泛使用。

CoAP是受限制应用协议的代名词，非常小，运行在UDP之上，最小的数据包仅为4字节。对于那些小设备（256KB闪存、32kB RAM、20MHz主频）而言，CoAP是一个很好的解决方案。

1.2.6 物联网云平台

目前，市面上为物联网专属打造的云平台很多，可方便物联网终端设备的接入及数据的呈现，比较大的平台有如下几种。

OneNET是中移物联网打造的物联网云平台。OneNET物联网专网已经应用于环境监控、远程抄表、智慧农业、智能家电、智能硬件、节能减排、车联网、工业控制、物流跟踪等多种商业领域。物联网开放平台OneNET通过打造接入平台、能力平台、大数据平台满足物联网领域的设备连接、协议适配、数据存储、数据安全、大数据分析等平台级服务需求。

天工是基于百度云构建的、融合百度大数据和人工智能技术的"一站式、全托管"智能物联网平台，提供物接入、物解析、物管理、规则引擎、时序数据库、机器学习、MapReduce等一系列物联网的核心产品和服务，帮助开发者快速实现从设备端到服务端的无缝连接，高效构建各种物联网的应用，如数据采集、设备监控、系统维护等。

通过持续的技术创新和不断积累行业经验，天工平台日益成为更懂行业的智能物联网平台，在工业制造、能源、零售O2O、车联网、物流等行业提供完整的解决方案。同时，基于天工平台设备认证服务，建立互信、共赢的生态合作机制，帮助行业用户快速实现万物互联的商业价值。

除此之外，还有QQ物联、华为OceanConnect、诺基亚IMPACT等云平台。

1.3 物联网典型应用

物联网能够解决各个行业的用户痛点，提高生产效率及生活质量。衣、食、住、行是国民生活的最主要组成部分。下面将通过共享单车、智能家居、智慧农业讲述不同场景物联网系统的技术架构和实现方法。

1.3.1 共享单车

随着政府加强地铁、轻轨等公共交通设施的建设，大范围的迁移能力已经大幅提升，但是家—地铁口、公司—地铁口"最后一千米"的交通问题依然存在。2017年，共享单车的爆发式增长很好地解决了"最后一千米"问题。共享单车就是一个典型的物联网应用。

共享单车架构如图1-2所示，由单车、云平台、手机App等部分组成。单车是物联网终端设备。它的核心是一颗主控单片机，由太阳能电池板供电，依靠2G芯片，通过移动网络与云平台进行通信，通过GPS定位模块传输自身的位置信息给云平台，手机通过云平台获得单车的位置信息进而实现寻车功能。在某些移动网络无法覆盖或者信号质量可靠性低的区域，用户可以通过手机和单车的蓝牙模块建立近场通信链路，实现对单车的控制。主控单片机通过执行器开启车锁，实现对机械结构的操作。

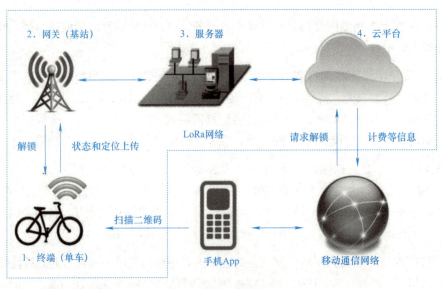

图1-2 共享单车架构

1.3.2 智能家居

现代社会中，很多人的多数时间都是在室内度过的，大概有三分之一的时间在家里睡觉，三分之一的时间在办公室工作。一个智能、舒适的室内家居环境将提升人们的生活质量。智能家居正是为了改善家居环境而存在的。

图1-3所示为一个完整的智能家居系统架构。智能家居框架一般包括：终端设备层、感知层、传输层、应用层。终端设备层集成了各种智能家电和控制设备，如智能灯光、温度控制器和安全系统，直接与用户交互并执行具体任务；感知层利用传感器和识别技术监测家庭内外的

环境状态，收集关于温度、湿度、光线和一些环境等数据；传输层作为数据流转的通道，通过WiFi、Zigbee等通信技术将感知层的数据实时、安全地传输到云端服务器；应用层则对这些数据进行分析和智能处理，为用户提供节能、安全、便利的居住体验，如自动化调节室内环境、远程设备控制和智能场景设置。这四层的紧密协作构成了智能家居系统的基础，使家庭生活更加智能化和个性化。

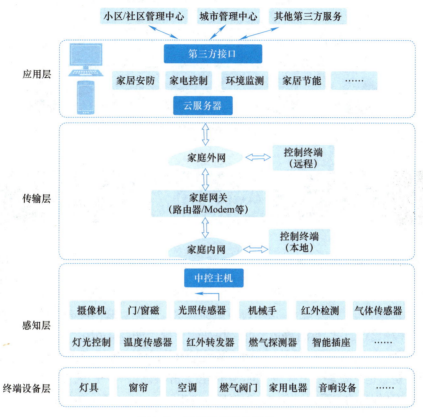

图1-3　智能家居系统架构

1.3.3　智慧农业

民以食为天，解决温饱是人类的本能，如今世界粮食问题依然存在，智慧农业通过环境感知、科学运算、智能滴灌等技术可提升农作物的生产效率。

图1-4为智慧农业的典型物联网3层架构。对于农业的地理特殊性，针对位置偏远、农场面积大、通信距离远且没有IP网络接入条件等特性，采用LoRa低功耗广域网通信方式构建局域网、通过2G/4G等移动网络对接后台的方式实现网络通信能力。终端通过大量的传感器采集农场环境数据及安防传感器的监控信号；后台通过网关的转发得到这些数据后进行数据可视化呈现、计算分析，给予科学的控制指令，如自动浇灌；终端通过执行器触发自动浇灌系统实现对农作物的及时、科学管理。

图1-4 智慧农业架构

1.4 Python语言概述

1.4.1 Python发展现状

近年Python语言在TIOBE排行榜连续稳定排名第一,如图1-5所示。TIOBE是世界编程语言排行榜,该榜每月更新一次,根据互联网上有经验的程序员、课程和第三方厂商的数量,并使用搜索引擎(如Google、Bing、Yahoo)以及Wikipedia、Amazon、YouTube和Baidu(百度)统计出排名数据,TIOBE排行榜只是反映某个编程语言的热门程度,并不能说明一门编程语言好不好,也不能说明一门语言所编写的代码数量多少,但也足以说明了Python语言的流行程度。

扫码观看视频

Jun 2024	Jun 2023	Change	Programming Language	Ratings	Change
1	1		Python	15.39%	+2.93%
2	3	∧	C++	10.03%	-1.33%
3	2	∨	C	9.23%	-3.14%
4	4		Java	8.40%	-2.88%
5	5		C#	6.65%	-0.06%
6	7	∧	JavaScript	3.32%	+0.51%
7	14	∧∧	Go	1.93%	+0.93%
8	9	∧	SQL	1.75%	+0.28%
9	6	∨	Visual Basic	1.66%	-1.67%
10	15	∧∧	Fortran	1.53%	+0.53%

图1-5 TIOBE语言排行榜

1.4.2 Python特性

Python是一种简单的、解释型的、交互式的、可移植的、面向对象的高级编程语言。它的设计哲学是优雅、明确、简单，并且完全面向对象。具体来讲，Python具有如下特性。

（1）面向对象

面向对象的程序设计抽象出对象的行为和属性，把行为和属性分离开，又合理地组织在一起。它消除了保护类型、抽象类、接口等面向对象的元素，使面向对象的概念更容易理解。

（2）简单

Python语法非常简单，没有分号，使用缩进的方式分隔代码，代码简洁、短小、易读。一例胜千言，表1-1用最简单的代码示例对比Python、C、Java，打印Hello World的代码。

表1-1　Python、C、Java打印Hello World的代码对比

Python 3	C	Java

print("Hello World")	#include<stdio.h>
	int main(void){
	　　printf("Hello World");
	}
		public class HelloWorld{
		　public static void main(String args[]){
		　　System.out.print("Hello World");
		　}
		}

（3）易用的数据结构

Python的数据结构包括元组、列表、字典等。元组相当于数组；列表可以作为可变长度的数字使用；字典相当于哈希表。

（4）健壮性

Python提供异常退出机制，能够捕获程序的异常情况，具有自动垃圾回收、内存管理机制，可减少程序因内存错误造成崩溃的概率。

（5）跨平台性

Python会先编译成与平台相关的二进制代码，然后通过平台的解释器执行。同样的，Python代码可以在不同的平台运行，省去OS需要重新编写C代码的烦琐工作。Python可实现一次编写，到处运行。

（6）可扩展性

对于性能比较敏感、核心算法需要保护的情景，以及嵌入式硬件操作相关的领域，Python可以很方便地使用C语言进行扩展。

（7）动态性

Python不需要另外声明变量，直接赋值即可创建新变量。

（8）强类型

Python根据赋值表达式的内容决定变量的数据类型，在内部建立管理这些变量的机制，出现在同一表达式中不同类型的变量需要进行类型转换。

1.5　物联网与Python

大多数完整物联网项目的开发都需要单片机工程师、嵌入式UNIX工程师、后台工程师、Web前端工程师及App工程师共同完成。暂不考虑系统本身的协作，要调动如此多种类的人力资源就不是一件容易的事。如果能够使用一种语言完成物联网的大部分开发工作，就会大大提升产品的开发效率。

移动互联网的迅速发展，除了芯片、操作系统的支持之外，Java编程语言庞大的开发群体及易用性也功不可没。同样，物联网行业也需要更加高级、开发效率更高、适用范围更广的编程语言。究竟应当如何使用Python进行物联网开发呢？接下来将从物联网终端、网关及云平台3部分简述Python的物联网开发方法。

1.5.1　Python与终端

物联网终端设备的主控芯片大多是单片机，需要大量的I/O操作对接传感器等外围设备。由于运算、存储资源的限制，传统单片机的开发几乎被C语言和汇编语言统治，不同厂家的集成电路（IC）几乎都独立定义自己的芯片寄存器，有不同的编译环境及API，这就形成了不同厂商、不同芯片型号之间无法互通和共用的现状。在实际开发中，如果用户开始基于某个厂家的某款单片机完成Demo，但是在产品化的过程中却需要用另外厂家的一款性价比更高的单片机，那么就需要重新基于新的芯片，熟悉对应的IDE后完成代码编写。各个厂商之间的孤立造成了单片机的碎片化，无法做到通用和复制。

针对这种现状，目前市面上有多个基于Python的开发项目，它们通过对硬件底层的封装提供标准化的、统一的API。使用通用的开发环境，可大大提升单片机的跨平台性和可移植性。硬件方案的更改并不需要重新编写应用软件。具有代表性的项目如下。

PyMite的设计者是Dean Hall。Dean曾供职于Motorola，开发过嵌入式Java运行环境，出于个人爱好设计了PyMite。PyMite是一个嵌入式的Python运行环境，可以运行在8位单片机上或其他小型嵌入式系统中，最低系统需求为64KB ROM、4KB RAM。PyMite已经在多个平台上运行，如Arduino MEGA、AT91SAM7、AVR、MC13224、LPC1368、PIC24、STM32等。PyMite支持多重继承、闭包、字符格式化符号、ByteArray类等特性。

Zerynth是需要商业许可证的单片机Python项目，有自己的IDE，采用编译模式。

MicroPython是能够运行在微处理器上的Python，有自己的虚拟机和解释器，遵守MIT协议，由剑桥大学理论物理学家乔治·达明设计。MicroPython的特点有：

1）基于Python 3.4的语法标准。

2）完整的Python语法分析器、解析器、编译器、虚拟机和运行机制。

3）包含命令行接口，可离线运行。

4）Python字节码由内置虚拟机编译运行。

5）有效的内部存储算法能够带来高效的内存利用率，整数变量存储在内存堆中，而不是栈中。

6）使用Python Decorators特性，函数可以被编译成原生机器码，使Python的运行速度更快。

7）函数编译可设置使用底层整数代替Python内建对象，有些代码的运行效率接近C语言，可以被Python直接调用，适合有关时间紧迫、运算复杂度高的应用。

8）通过内联汇编功能，应用可以完全接入底层运行时。

9）基于简单和快速标记的内存垃圾回收算法，许多函数可以避免使用栈内存段。

目前，MicroPython的功能最全面、版本迭代最快、社区最活跃、支持的硬件平台最多。本书将采用MicroPython基于STM32平台进行物联网终端设备的开发。

1.5.2 Python与网关

此处提到的网关是指负责组建局域网、连接众多终端设备和后台的枢纽。当然，不是所有的物联网应用场景都需要网关。在一些复杂的场景中，网关必不可少，是一个管理中心。在某些时候，终端设备并不需要和云平台交互，此时的网关就承担局域网服务器的功能。Python已经在嵌入式网关上使用多年，如开源树莓派支持的主流编程语言便是Python。运行Linux嵌入式网关设备可用的应用编程语言很多，C语言擅长编写驱动、操作I/O、硬件，但是用来编写应用程序就显得非常吃力，尤其是复杂的应用。Python的网络通信库、数据库、字符解析能力的强大，自身的内存管理、垃圾回收机制，可使开发者能够将更多的精力投入业务层面，快速开发产品，不会像C语言那样频繁地因为内存和指针问题而影响开发的进度和程序运行的稳定性。

网关的硬件资源丰富，性能强悍，很容易移植Python的运行环境，之后的开发工作和其他平台编写Python代码并无太大大差异，可以使用Python丰富的应用库快速开发产品。相比传统嵌入式C语言应用程序的开发，Python编写网关程序有如下优势：

1）Python语法简单，容易掌握。

2）Python可以节省代码，内置类型（和数据结构）、内置函数和标准库可帮助开发者解决日常问题。

3）Python拥有丰富的标准库，避免重复编写代码。

4）Python提供更加丰富的内置类型，可用于高层应用相关的数据结构。

5）Python内部的所有类型都是对象，包括函数、代码等，所以面向对象设计时很自然。

6）Python不仅可以面对过程编程，还可以面向对象做更高抽象度的函数式编程，甚至可以在一句话里实现算法和迭代。

1.5.3 Python与云平台

云平台是所有物联网的接入、数据存储中心，可存储、收集海量的终端设备信息，提供数据可视化、大数据运算，提供网页和App访问能力，是连接人和物的枢纽。Python具有多个成熟的Web框架，可提供快速、简单的Web开发支持。此外，Python的数据分析库也方便用户开发大数据处理功能。本书将使用Python的Django Web框架实现物联网项目云平台的开发。Django具有如下特点：

1）自助管理后台，Admin Interface是Django比较吸引眼球的一项Contrib，几乎不用写一行代码就拥有一个完整的后台管理界面。

2）强大的对象关系映射（Object Relational Mapping，ORM）功能，一般来说可以不使用SQL语句，每条记录都是一个对象，获取对象的关联易如反掌。

3）URL Design，Django的URL模块设计看似复杂，实际上都是很简单的正则表达式，做得很细致，在地址的表达上可以随心所欲，那些优美的、简洁的、专业的地址都能表现出来。

4）Django的App理念很灵活，可将复杂的后台功能分成具体的模块，逻辑清晰，App可插拔，不需要时可以直接删除，对系统影响不大。

5）Django强大的错误提示功能可准确定位程序的出错地点，能够快速解决错误，提升开发效率。

1.5.4 物联网Python全栈开发

各大企业对物联网基础设施的大力投入使物联网发展得非常迅猛，一线开发者需要推陈出新，寻找更加快速、高效的开发技术。使用Python编程语言完成物联网项目大部分的开发工作是值得尝试的。面对下一个科技浪潮，结合更高效的开发语言，选择能够快速推出产品的开发技术非常重要。

1.6 小结

本单元重点介绍了物联网的组成框架、物联网技术的主要应用以及物联网发展现状，同时介绍了Python语言的特点，阐述了Python与终端、网关、云平台的结合与典型应用。

1.7 习题

1．请阐述物联网系统网络的组成。
2．物联网应用技术中常用的通信手段有哪些?
3．Python语言有何特点?
4．Python语言在物联网方向有哪些典型的应用?

单元 2

开启Python之旅

学习目标

知识目标

- 掌握Python环境的安装步骤。
- 了解Python语言注释、缩进、继续和分隔等规范。
- 掌握Python语言的变量和数据类型。
- 掌握条件和循环语句的语法规范。
- 了解函数的定义、调用以及参数的传递。
- 了解全局变量与局部变量的概念。
- 了解global关键字和nonlocal关键字的使用。
- 了解模块与包的概念和使用。
- 掌握异常处理机制。

能力目标

- 能够独立完成Python环境的安装及配置。
- 能够使用Python编程实现基本数据处理。
- 能够区分数字、字符串、列表、元组、字典和集合不同的数据类型。
- 能够完成条件和循环控制的编程操作,灵活运用并处理简单逻辑。
- 能够自定义函数,完成函数的调用和参数传递。
- 能够根据程序功能或特点合理划分模块引入包。
- 能够对程序中的异常信息进行捕获和异常抛出。

> **素质目标**
> - 具备Python程序员的编程规范意识。
> - 具备函数分工而治的模块化思维。
> - 具备捕获程序异常的严谨意识。

大致了解了物联网和Python编程语言的特点之后,本单元将一步步地编写Python代码,通过实际代码介绍Python的基本语法和规则。这些代码仅用来阐述Python这门编程语言的特点,与运行平台、业务领域等无关。通过本单元的学习,读者可以快速掌握Python,由浅入深、逐渐学会编写复杂Python程序。

2.1 Python环境安装

2.1.1 Python版本的选择

众所周知,Python有两个大的版本:Python 2和Python 3。为什么会产生两个版本的Python?这两个版本有何差异?初学者应当如何选择这两个版本呢?

Python最早公开发行是在1991年,但是早期Python版本的设计存在一些不足。为了解决这些遗留问题,Python 3在2008年被开发出来。由于Python 3无法完全向后兼容,并且Python 2自面世以来已经累积了大量的用户,因此长期以来就出现了Python 2和Python 3两条分支独立发展的情况。不过,如今越来越多只支持Python 2的类库也开始支持Python 3,并且官方指出,在2020年后不再支持Python 2。可见,Python 3才是未来的主流。

Python 3在字符编码方面支持Unicode,可避免Python 2在字符编码方面很多令人头疼的问题产生。本书是一本实战书籍,仅使用少量单元讲解Python编程语言的基础和特性,大部分的单元围绕实战项目展开。在实战项目中,终端设备采用MicroPython开发,而MicroPython本身是基于Python 3开发的;网关及服务器通信部分使用hbmqtt类库,该类库也是基于Python 3开发的。因此,本书的所有开发、运行环境均基于Python 3。

2.1.2 环境安装

1. Python安装

扫码观看视频

第一步 下载Python。

Python的最新源代码、二进制文档以及新闻资讯等都可以在Python的官网查看到,也可以下载Python的文档，有HTML、PDF和PostScript等格式的文档。

Python官网：https://www.python.org/。

Python文档下载地址：https://www.python.org/doc/。

第二步 选择合适的版本下载，本次下载Python 3.9.2。

第三步 安装Python。

1）安装方式选择，一般选择"Customize installation"方式安装，如图2-1所示。

图2-1　选择安装方式

2）设置可选功能项，默认全选，单击"Next"按钮，如图2-2所示。

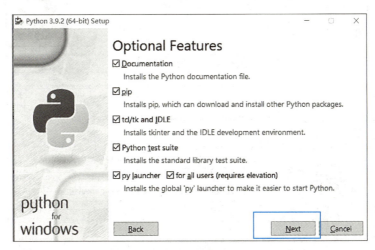

图2-2　"Optional Features"选项

3）修改安装路径，该路径在配置环境变量时会使用，因此要记住该路径，如图2-3所示。

4）等待安装完成，进度条表示安装进度，如图2-4所示。

5）安装完成，进入安装成功界面，单击"Close"按钮关闭即可，如图2-5所示。

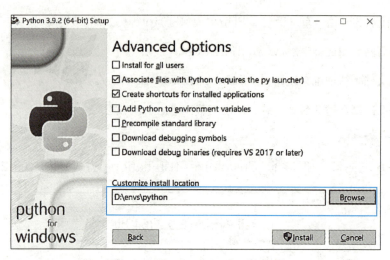

图2-3 "Advanced Options"选项

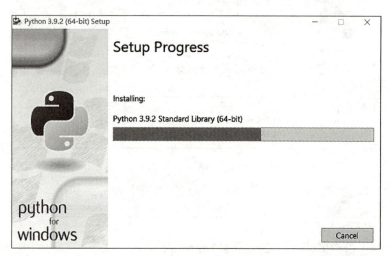

图2-4 等待安装完成

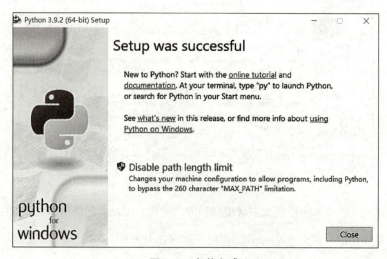

图2-5 安装完成

第四步 配置环境变量。

1）手动配置：路径为此计算机→高级系统设置→环境变量→系统变量→Path→编辑。按照此路径找到Path项，如图2-6所示。

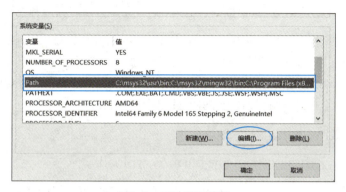

图2-6　手动配置路径

2）添加环境变量，变量值是Python安装路径及它的Scripts子目录，单击"新建"按钮后添加两条路径，如图2-7所示。变量名内有这两条文件路径即可。

图2-7　新增Python安装路径及它的Scripts子目录

第五步 验证Python是否安装成功。

1）按<Win+R>组合键调出cmd窗口。

2）在cmd中先后输入pip和python，如果有pip的操作提示和Python版本号，则证明安装成功且环境配置成果。查看Python安装结果如图2-8所示。

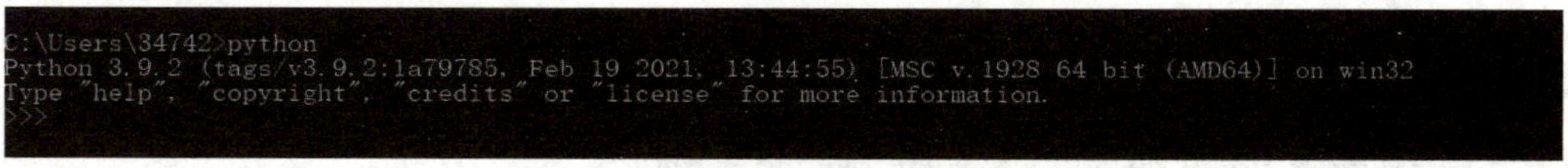

```
C:\Users\34742>python
Python 3.9.2 (tags/v3.9.2:1a79785, Feb 19 2021, 13:44:55) [MSC v.1928 64 bit (AMD64)] on win32
Type "help", "copyright", "credits" or "license" for more information.
>>>
```

图2-8　查看Python安装结果

2. Python开发工具安装

工欲善其事，必先利其器。Python的学习过程少不了代码编辑器或者集成的开发编辑器（IDE）。这些Python开发工具可以帮助开发者加快使用Python开发的速度，提高效率。高效的代码编辑器或者IDE应该会提供插件、工具等，能帮助开发者高效开发程序。

PyCharm是JetBrains开发的Python IDE。PyCharm具备一般IDE具有的功能，比如调试、语法高亮、Project管理、代码跳转、智能提示、自动完成、单元测试、版本控制等。另外，PyCharm还提供了一些很好的功能以用于Django开发，同时支持Google App Engine。目前企业选择开发编译器最多的便是PyCharm了。

第一步 下载PyCharm工具。地址：

https://www.jetbrains.com/pycharm/download/。

第二步 版本选择，分为专业版和社区版。本书选用专业版，如图2-9所示。

第三步 开始安装。

1）双击下载后的执行文件。

2）进入欢迎页面，单击"Next"按钮，如图2-10所示。

图2-9 版本选择

图2-10 PyCharm编辑器欢迎界面

3）进入安装路径选择界面，选择安装路径，再次单击"Next"按钮，如图2-11所示。

4）进入安装选项界面，根据需要勾选选项后单击"Next"按钮，如图2-12所示。

5）进入选择开始菜单文件界面，直接单击"Install"按钮，等待安装完成，如图2-13所示。

6）等待安装，直到进度条显示进度完成，如图2-14所示。

7）安装完成，单击"Finish"按钮，如图2-15所示。

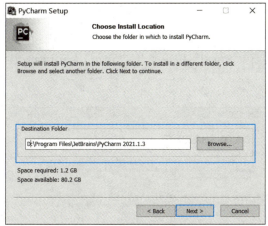

图2-11 安装路径选择界面

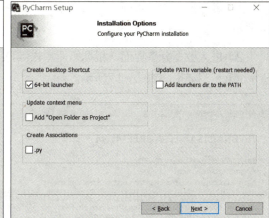

图2-12 安装选项界面

图2-13 选择开始菜单文件界面

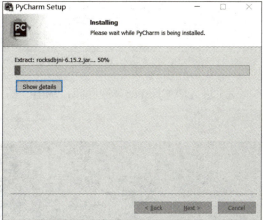

图2-14 等待安装界面

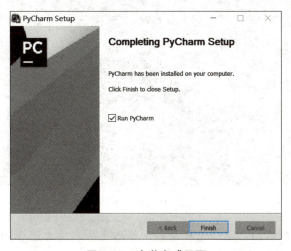

图2-15 安装完成界面

第四步 启动PyCharm创建工程。

1）进入使用须知界面，勾选界面最下面的复选框，单击"Continue"按钮，如图2-16所示。

2）进入数据分享界面，根据需要单击"Don't Send"按钮或者"Send Anonymous Statistics"按钮，如图2-17所示。

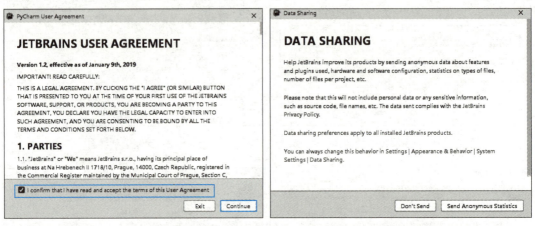

图2-16　使用须知界面　　　　　　　图2-17　数据分享界面

3）进入PyCharm欢迎界面，单击"+"（New Project）按钮新建工程，如图2-18所示。

图2-18　PyCharm欢迎界面

4）进入新建工程界面，选择工程路径，修改工程名称，选择Python解释器，单击"Create"按钮创建工程，如图2-19所示。

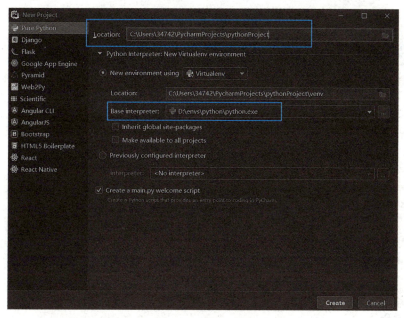

图2-19 新建工程界面

5）修改编辑器风格。具体操作步骤如下：

依次选择"File"→"Settings"→"Appearance&Behavior"→"Appearance"→"Theme"，进入修改界面风格设置项。选择"Intellij Light"，界面呈现白色底色，PyCharm工程面板如图2-20所示。

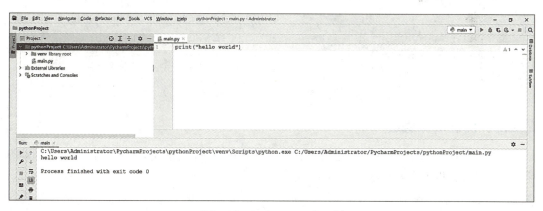

图2-20 PyCharm工程面板

2.2 开始编写Python程序

千呼万唤始出来，现在终于可以开始正式编写第一行Python代码了，非常简单，打印

"Hello World"即可。

2.2.1 源代码执行

将Python源代码保存为以.py结尾的文件,通过命令执行。例如,创建一个名为first_python.py的源文件,在该程序中打印"Hello World",源文件内容为:

```
#!/usr/bin/env python
print("Hello World")
```

给源文件first_python.py添加执行权限命令为:

```
#chmod u+x first_python.py
```

在DOC窗口中进入文件路径后,运行源代码:

```
python first_python.py
```

结果将输出"Hello World"。

2.2.2 注释

Python使用#进行单行注释,使用三引号"'被注释内容'"进行多行注释。Python的中文注释方法是在源代码首页添加#coding=utf-8或者#coding=gbk。

```
#!/usr/bin/python
# -*- coding=utf-8 -*-
# 文件名:test.py
'''
这是多行注释,使用单引号。
这是多行注释,使用单引号。
这是多行注释,使用单引号。
'''
```

2.2.3 代码块和缩进

在Python中,代码块通过缩进对齐表达代码逻辑,而不是使用大括号,因为没有额外的字符,程序行数更少,更加简洁,可读性更高,例如:

```
if True:
    print("True")
else:
    print("False")
```

空格和Tab符通常都以空白形式显示。如果混用,那么代码容易混淆,增加维护及调试的困难,降低代码易读性,因此Python PEP 8编码规范指导使用4个空格作为缩进。而实际开发中,比较复杂的代码则会选择两个空格作为缩进,这样更易于阅读那些嵌套比较深的代码。

2.2.4 继续和分隔

Python一般使用换行的方式实现分隔，而不是分号，每一行就是一个语句，对于过长的语句，可以使用反斜杠（\）分解为多行。

```
total = item_one + \
    item_two + \
    item_three
```

缩进数量相同的一组语句可构成一个代码块，像if、while、def和class这样的复合语句，首行以关键字开始，以冒号（:）结束，该行之后的一行或多行代码构成代码组。

2.2.5 输入和输出

Python 3使用print()输出内容，在前面讲述的内容中已经成功输出了"Hello World"字符串到屏幕，通过内建函数input()可以很方便地获取用户输入并保存到变量中。

2.3 变量和数据类型

变量是存储在计算机内存中的值。创建变量时，计算机会在内存中为其分配一个空间。变量不仅可以是数字，还可以是其他类型的数据。Python变量是以字母开头的标识符，即大写字母、小写字母及下画线（_），不能用数字开头。需要注意的是，Python变量名是区分大小写的，也就是说，name和NAME是两个完全不同的变量。

2.3.1 变量

变量是有名字的存储单元，Python是动态语言，不需要预先声明变量的类型。变量命名需要遵循一定的规则和约定，以确保代码的可读性和维护性。

扫码观看视频

变量命名规则：

（1）合法字符

变量名只能包含字母（a~z, A~Z）、数字（0~9）和下画线（_）。

扫码观看视频

变量名必须以字母或下画线开头，不能以数字开头。

（2）区分大小写

Python变量名是区分大小写的。例如，"variable"和"Variable"是两个不同的变量。

（3）不能使用保留字

变量名不能是Python的关键字或保留字，如class、for、if等。可以使用keyword模块来获取所有保留字。

(4) PEP 8命名风格

变量名应该使用小写字母,并在单词之间使用下画线分隔(蛇形命名法)。例如:

```
total_sum = 0
user_name = "John"
```

常量名应该使用全大写字母,并在单词之间使用下画线分隔。例如:

```
MAX_CONNECTIONS = 100
```

类名应该使用驼峰命名法(每个单词的首字母大写,没有下画线)。例如:

```
class MyClass:
    pass
```

函数和方法名应该使用小写字母,并在单词之间使用下画线分隔。例如:

```
def calculate_total():
    pass
```

模块名和包名应该使用小写字母,并可以使用下画线分隔单词。例如:

```
my_module.py
my_package/
```

私有变量和方法应该在名字前加一个下画线。这只是一个约定,表示变量或方法不应该被外部访问。例如:

```
_private_variable = "private"
def _private_method():
    pass
```

对于特殊用途的变量,其变量名有时会使用双下画线开头(但不是结尾),以避免名称冲突。这通常用于类中的私有属性。例如:

```
class MyClass:
    def __init__(self):
        self.__private_attr = 42
```

变量的类型和值在赋值时被初始化,在Python中使用等号(=)为变量赋值,可以把任意数据类型赋值给变量。不论是整数、字符串还是浮点数,同一个变量可以被反复赋值,如:

```
1. #!/usr/bin/python3
2. a = 21
3. b = 10
4. c = 0
5. c = a + b
6. print ("1 - c 的值为: ", c)
```

7. c += a print ("2 - c 的值为：", c)
8. c *= a print ("3 - c 的值为：", c)
9. c /= a print ("4 - c 的值为：", c)
10. c = 2 c %= a print ("5 - c 的值为：", c)
11. c **= a print ("6 - c 的值为：", c)
12. c //= a print ("7 - c 的值为：", c)

输出结果为：

1 - c 的值为：31
2 - c 的值为：52
3 - c 的值为：1092
4 - c 的值为：52.0
5 - c 的值为：2
6 - c 的值为：2097152
7 - c 的值为：99864

2.3.2 常量

所谓常量，就是那些在程序中不能变的数据。因为种种原因，Python并未提供如C、C++、Java一样的const修饰符。换言之，Python中没有常量。虽然Python本身没有提供直接定义常量的语法，但可以通过一些命名约定和模块来实现常量的效果。以下是一些常用的方法。

（1）命名约定

通常，Python程序员通过使用全大写字母的变量名来表示常量。这是一种约定，表示这些变量不应该被修改。例如：

1. PI = 3.14159
2. GRAVITY = 9.8

（2）使用类来定义常量

可以使用类来封装常量，并使用类属性来定义常量值。这种方法不仅可以将常量组织在一起，还可以防止这些常量被无意中修改。例如：

1. class Constants:
2.   PI = 3.14159
3.   GRAVITY = 9.8
4. # 使用常量
5. print(Constants.PI)
6. print(Constants.GRAVITY)

（3）使用"Enum"模块

对于一些特定的常量组，使用"Enum"模块也是一种不错的方法。例如：

```
1. from enum import Enum
2. class Constants(Enum):
3.     PI = 3.14159
4.     GRAVITY = 9.8
5. # 使用常量
6. print(Constants.PI.value)
7. print(Constants.GRAVITY.value)
```

（4）使用"typing.Final"

从Python 3.8开始，typing模块中引入了Final类型提示，可以用来标识变量为常量。虽然Final类型仍然是可以修改的，但可以通过静态类型检查工具（如mypy）来发出警告。例如：

```
1. from typing import Final
2. PI: Final = 3.14159
3. GRAVITY: Final = 9.8
4. # 使用常量
5. print(PI)
6. print(GRAVITY)
```

虽然Python没有内置的常量机制，但通过命名约定、使用类、"Enum"模块或"Final"类型提示，可以实现常量的效果。最常见的方法是通过命名约定来表示常量，因为这种方法简单直接，易于理解和使用。

2.3.3 数据类型

在计算机内存中，存储的数据可以有多种类型，如使用字符串存储一个人的名字，使用数字存储一个人的体重。除了字符串和数字等常规数据类型之外，Python作为一门高级编程语言，有它自身独有的一些数据类型，如字典等。

Python 3具有6个标准的数据类型，分别为：

（1）数字

数字在Python程序中的表示方法与数学上的写法几乎一样。Python 3具有4种类型的数字，分别为int（长整型）、float（浮点数）、bool（布尔值）、complex（复数）。

浮点数也就是小数。用十六进制表示整数，使用0x前缀，用0～9、a～f表示，如0x013d。布尔值只有True和False两种值。

需要注意的是，使用除法运算（/）的返回值为浮点数，想要得到整数则使用//操作符。在进行整数和浮点数的混合运算时，Python会把整数转换成浮点数。Python 3的复数由实数部分和虚数部分构成，可以用a+bj或者complex (a, b)表示，复数的实部a和虚部b都是浮点数。

（2）字符串

字符串是以单引号（'）或者双引号（"）括起来的任意文本，如'abc'表示字符串abc。如果双引号（""）本身也是一个字符，也可以用双引号括起来。如果字符串内部既包含单引号（'）又包含双引号（"），则可以用反斜杠（\）进行转义。如果不想使用反斜杠进行转义，则可以在字符串前面添加一个r，表示原始字符串。

字符串的索引值从0开始，-1表示字符串末尾的位置，加号（+）是字符串的连接符，星号（*）用来复制字符串。此外，需要注意的是，Python的字符串不允许被更改。

例如，编写如下源代码：

```
1.  #!/usr/bin/python3
2.  var1 = 'Hello World!'
3.  var2 = "Python"
4.  print ("var1[0]: ", var1[0])
5.  print ("var2[1:5]: ", var2[1:5])
```

执行以上程序，运行结果为：

```
var1[0]:  H
var2[1:5]:  ytho
```

（3）列表

Python列表是任意对象的有序集合，可通过索引访问指定元素，第一个元素的索引为0，依次递增，-1表示最后一个元素。列表是Python中非常常用的数据类型。列表中的元素类型可以不同，同一个列表中可以包含数字、字符串等多种数据类型。

列表使用方括号（[]）表示，使用逗号分隔各元素。与字符串一样，列表可以被索引和截取，加号（+）是列表的连接符，星号（*）表示重复操作。与字符串不同的是，列表的元素可以被更改。

编写测试代码为：

```
1.  #!/usr/bin/python3
2.  List = ['red', 'green', 'blue', 'yellow', 'white', 'black']
3.  print(list[0])
4.  print(list[1])
5.  print(list[2])
```

执行以上程序，运行结果为：

```
red
green
blue
```

（4）元组

元组使用小括号()表示，各元素使用逗号分隔，与列表类似，能够进行索引和截取操作，区别在于，元组中的元素不允许更改。定义一个空元组的方法为：

```
tup = ()
```

定义只包含一个元素的元组时，需要在元素后添加逗号，即

错误写法：tup=(12)

正确写法：tup=(12,)

通过编写如下代码熟悉元组的使用方法，区分加逗号和不加逗号的区别。

```
>>>tup1 = (50)
>>>type(tup1)          # 不加逗号，类型为整型
<class 'int'>
>>>tup1 = (50,)
>>>type(tup1)          # 加上逗号，类型为元组
<class 'tuple'>
```

（5）集合

Python的集合和其他语言类似，是一个无序不重复元素集，基本功能包括关系测试和消除重复元素。与列表、元组的不同在于，集合的元素是无序的，无法通过数字编号进行索引。另外，集合中的元素不能重复。

集合的创建方法是使用大括号（{}）或者set()函数。需要注意的是，创建一个空的集合必须使用set()，而不能使用{}，因为{}表示创建一个空的字典。

编写测试代码为：

```
>>>basket = {'apple', 'orange', 'apple', 'pear', 'orange', 'banana'}
>>>print(basket)              # 这里演示的是去重功能
{'orange', 'banana', 'pear', 'apple'}
>>>'orange' in basket         # 快速判断元素是否在集合内
True
>>>'crabgrass' in basket
False
>>># 下面展示两个集合间的运算
>>>a = set('abracadabra')
>>>b = set('alacazam')
>>>a
{'a', 'r', 'b', 'c', 'd'}
>>>a - b                      # 集合a中包含而集合b中不包含的元素
{'r', 'd', 'b'}
>>> a | b                     # 集合a或b中包含的所有元素
{'a', 'c', 'r', 'd', 'b', 'm', 'z', 'l'}
>>>a & b                      # 集合a和b中都包含的元素
{'a', 'c'}
>>>a ^ b                      # 不同时包含于a和b的元素
{'r', 'd', 'b', 'm', 'z', 'l'}
```

（6）字典

列表是有序对象的结合，而字典则是无序对象的集合。列表中的元素通过索引存取，而字典中的元素通过键（Key）来存取。字典是由一对一对的键（Key）:值（Value）组成的无序集合，是一种映射类型，使用{}表示。其中，键必须是不可变类型，可以使用数字、字符串或者元组充当，而不能用列表，且在同一个字典中，键必须是唯一的。字典元素也是可以更改的。

编写字典测试代码为：

```
1.  #!/usr/bin/python3
2.  dict = {'Name': 'Python', 'Age': 7, 'Class': 'First'}
3.  print ("dict['Name']: ", dict['Name'])
4.  print ("dict['Age']: ", dict['Age'])
```

执行以上程序，运行结果为：

```
dict['Name']:  Python
dict['Age']:  7
```

2.4　条件与循环

计算机程序之所以能够自动完成任务，是因为它能够进行判断，根据不同条件做出不同的响应，除此之外，还能通过循环操作反复多次执行某些程序。这些功能的实现取决于编程语言的条件判断和循环语句。

2.4.1　if语句

在Python中，if语句的关键字为if-elif-else。每个条件后面都使用冒号（:）表示接下来满足条件且要执行的语句块，使用缩进划分语句块。if语句可以嵌套。需要说明的是，Python中没有switch case语句。

编写的测试程序为：

```
1.  #!/usr/bin/python3
2.  var1 = 100
3.  if var1:
4.      print ("1 – if 表达式条件为 true")
5.      print (var1) var2 = 0
6.  if var2:
7.      print ("2 – if 表达式条件为 true")
8.      print (var2) print ("Good bye! ")
```

运行程序，输出结果为：

1 - if 表达式条件为 true
100
Good bye!

Python的if语句中常用的操作运算符见表2-1。

表2-1 if语句中常用的操作运算符

操 作 符	描 述
<	小于
<=	小于或等于
>	大于
>=	大于或等于
==	等于，比较两个值是否相等
!=	不等于

Python的if语句中可以嵌套if语句，编写测试程序if.py，通过键盘输入一个数字，通过程序可判断识别出输入的数字，即：

```
# !/usr/bin/python3
num=int(input("输入一个数字："))
if num%2==0:
    if num%3==0:
    print ("你输入的数字可以整除 2 和 3")
else:
    print ("你输入的数字可以整除 2，但不能整除 3")
else:
    if num%3==0:
    print ("你输入的数字可以整除 3，但不能整除 2")
    else:
    print ("你输入的数字不能整除 2 和 3")
```

执行以上测试程序，运行结果为：

```
$ python3 test.py
输入一个数字：6
你输入的数字可以整除 2 和 3
```

2.4.2 while循环

在Python中，while循环用于在满足特定条件时反复执行一段代码。循环会一直执行，直到条件变为假。while循环非常适合在不知道确切迭代次数的情况下使用，特别是在需要等待某个事件发生或者处理持续性任务时。

扫码观看视频

在Python中，while循环的基本语法为：

```
while 判断条件(condition):
    执行语句(statements)……
```

只要condition条件为真，则statements执行语句将一直执行下去。例如，编写测试程序计算1～100的总和，代码如下：

```
#!/usr/bin/env python3
n = 100
sum = 0
counter = 1
while counter <= n:
    sum = sum + counter
    counter += 1
print("1～%d 之和为: %d" % (n,sum))
```

执行结果为：

```
1～100之和为: 5050
```

在Python中，while循环还可以与else语句一起使用，else语句在循环条件变为false时执行。这种语法结构允许循环在正常结束时执行一些操作。当while不满足判断条件时，执行else语句块，语法格式如下：

```
while <expr>:
    <statement(s)>
else:
    <additional_statement(s)>
```

expr条件语句为true，则执行statement(s)语句块；如果为false，则执行additional_statement(s)。

循环输出数字，并判断大小，编写测试程序：

```
#!/usr/bin/python3
count = 0
while count < 5:
    print (count, " 小于 5")
    count = count + 1
else:
    print (count, " 大于或等于 5")
```

执行以上程序，运行结果为：

```
0 小于 5
1 小于 5
2 小于 5
3 小于 5
4 小于 5
5 大于或等于 5
```

2.4.3 无限循环

扫码观看视频

无限循环是一种循环结构，它会一直执行，直到明确地被打破（通常使用break语句）。循环常用在服务器、监听器、游戏循环等需要持续运行的场景中，可以通过while语句实现无限循环。

编写如下源代码，实现基本的无限循环，即：

```
while True:
    print("这是一个无限循环")
```

上述代码会一直打印"这是一个无限循环"，因为True永远为真，循环不会自然终止。

为了避免程序陷入死循环，通常需要在特定条件下使用break语句来退出循环。编写如下源代码，实现控制无限循环的退出条件，即：

```
1.  count = 0
2.  while True:
3.      print("循环进行中")
4.      count += 1
5.      if count >= 5:
6.          print("退出循环")
7.          break
```

在这个例子中，循环会在count变量达到5时停止。

实际运用中，无限循环常用于实现简单的用户交互菜单，例如：

```
1.  while True:
2.      print("\n菜单: ")
3.      print("1. 选项一")
4.      print("2. 选项二")
5.      print("3. 退出")
6.      choice = input("请选择一个选项: ")
7.      if choice == "1":
8.          print("你选择了选项一")
9.      elif choice == "2":
10.         print("你选择了选项二")
11.     elif choice == "3":
12.         print("退出程序")
13.         break
14.     else:
15.         print("无效的选择，请重试")
```

在这个例子中，用户可以在菜单中选择选项，直到选择"3"退出程序为止。

2.4.4 for-in循环

在Python中，for-in循环用于遍历可迭代对象（如列表、元组、字典、集合、字符串等），并针对其中的每个元素执行相同的操作。

基本语法为：

```
for item in iterable:
    # 循环体代码
```

- iterable：指一个可迭代的对象，如列表、元组、字典、集合、字符串等。
- item：指可迭代对象中的每个元素，在每次迭代时会依次赋值给item。
- 循环体代码：指针对每个元素执行的操作，它会在每次迭代时执行。

使用for-in循环遍历一个列表，即：

```
1.  my_list = [1, 2, 3, 4, 5]
2.  for num in my_list:
3.      print(num)
```

使用for-in循环遍历元组，即：

```
1.  my_tuple = (1, 2, 3, 4, 5)
2.  for num in my_tuple:
3.      print(num)
```

使用for-in循环遍历字典的键，即：

```
1.  my_dict = {'a': 1, 'b': 2, 'c': 3}
2.  for key in my_dict:
3.      print(key)
```

使用for-in循环遍历字典的键值对，即：

```
1.  my_dict = {'a': 1, 'b': 2, 'c': 3}
2.  for key, value in my_dict.items():
3.      print(f" Key: {key}, Value: {value}")
```

使用for-in循环遍历集合，即：

```
1.  my_set = {1, 2, 3, 4, 5}
2.  for num in my_set:
3.      print(num)
```

使用for-in循环遍历字符串，即：

```
1.  my_string = "Hello"
2.  for char in my_string:
3.      print(char)
```

利用for-in循环可以轻松计算1～10之间的所有整数之和，即：

```
1.  #!/usr/bin/env python3
2.  sum = 0
3.  var = [1, 2, 3, 4, 5, 6, 7, 8, 9, 10]
```

```
4. for num in var:
5.     sum = sum + num
6. print(sum)
```

执行以上程序，得到的结果为55。

基于上面的程序进行扩展，如果想要计算1~50的所有整数之和，那么意味着var需要定义1~50的50个数字，非常烦琐。Python提供的range()函数正好能够避免这样的麻烦。

Python中的range()函数可以用于生成一个不可变的序列，通常在for循环中迭代一定次数，它可以生成从起始值到结束值之间的数字序列。range()有3种不同的调用方式：

1）range(stop)：生成从0到stop-1的数字。

2）range(start, stop)：生成从start到stop-1的数字。

3）range(start, stop, step)：生成从start到stop-1，间隔为step的数字。

参数说明

- start（可选）：序列起始值，默认值为0。
- stop：序列终止值（不包含该值）。
- step（可选）：步长，默认值为1。

可以使用var=range(1,11)替换上面程序中的语句var=[1,2,3,4,5,6,7,8,9,10]。range(1,11)表示从1~11之间的所有整数，且不包括11。另外，range(1,11,2)表示1~11间隔为2的所有数字，且不包括11；range(11)表示0~11之间的所有整数，且不包括11。

2.4.5 跳出循环

在Python中，跳出循环指的是提前终止循环的执行，不再进行后续的迭代操作，主要通过以下几种方式实现。

扫码观看视频

1）break语句：立即终止当前所在的最内层循环，不论循环条件是否满足。

2）continue语句：跳过当前循环的剩余部分，直接进入下一次循环迭代。

3）修改循环条件：通过在循环内部修改控制循环的条件，使循环终止。

for和while循环可以使用break语句让程序跳出循环体。简单地说，break语句会立即退出循环，其后的循环代码不会被执行。执行以下代码，可以看到while循环并没有将字符串迭代完，满足条件则通过break语句跳出循环体。for循环也一样，运行到break以后，将跳出循环。

```
n = 5
while n > 0:
    n -= 1
    if n == 2:
        break
    print(n)
print('循环结束')
```

程序执行结果如下:

```
4
3
循环结束
```

此外，Python中的continue语句可以使程序跳过当前循环中的剩余语句，然后继续进行下一轮循环，如:

```
n = 5
while n > 0:
    n -= 1
    if n == 2:
        continue
    print(n)
print('循环结束')
```

执行以上程序，运行结果为:

```
4
3
1
0
循环结束
```

可见，continue语句与break语句的区别在于continue是使程序跳出本次循环，而break则是跳出整个循环。

2.4.6 pass语句

Python中的pass是空语句，是一个占位符语句，用于在代码块中表示"什么都不做"。它通常用于在语法上需要语句但实际上不需要执行任何代码的地方。pass语句可以避免语法错误，让程序正常运行。常见的使用场景包括函数定义、类定义、循环以及条件语句等。pass的主要用途有:

1）占位符：在编写代码时，有时可能需要在某些位置放置一条语句，但暂时不想写任何实际的代码，可以使用pass作为占位符，让代码保持语法正确。例如:

```
if condition:
    pass  # 以后填充逻辑
```

2)占位函数或类:在定义函数或类时,可以使用pass来表示函数或类的主体部分尚未实现,或者只是一个框架,待以后实现。例如:

```
def my_function():
    pass    # 以后实现函数功能
class MyClass:
    def my_method(self):
        pass    # 以后实现方法
```

3)循环中的占位符:在循环结构中,有时可能需要一个占位符,例如,在循环的某个分支中暂时不做任何操作,可以使用pass语句。例如:

```
for item in my_list:
    if condition(item):
        pass    # 以后处理该情况
    else:
        process_item(item)
```

4)异常处理中的占位符:在异常处理中,有时可能希望在某些情况下不做任何处理,可以使用pass语句作为占位符。例如:

```
try:
    risky_operation()
except SomeException:
    pass    # 以后处理异常情况
```

此外,在嵌入式程序的while循环中使用pass语句可以使程序不报错,先去实现其他地方的代码,例如:

```
while True:
    ... pass    # 等待键盘中断<Ctrl+C>
```

2.5 函数

函数是组织好的、可重复使用的、用来实现特定功能的代码段。函数可使程序模块化,提升代码的重复利用率。函数是Python程序的重要组成部分。

扫码观看视频

2.5.1 定义函数

使用def语句定义函数,格式为:

```
def 函数名(参数列表):
    函数体
```

定义一个函数，有以下简单的规则：

1）函数代码块以def关键词开头，后接函数标识符名称和圆括号()。

2）任何传入参数和自变量都必须放在圆括号中间，可以在圆括号之间定义参数。

3）函数的第一行语句可以选择性地使用文档字符串，用于存放函数说明。

4）函数内容以冒号（:）起始，并且缩进。

5）return [表达式]：表示结束函数，选择性地返回一个值给调用方，不带表达式的return相当于返回None。

可以自己动手编写一个名为printHello的函数，将一个字符串作为参数传入函数，再将该字符串打印出来，然后使用return返回，即：

```
#!/usr/bin/python3
def printHello() :
    print("Hello World! ")
    return
```

2.5.2 函数调用

知道了函数的名称和参数后，就可以很方便地调用它了，可以继续编写程序调用上面定义的printHello()函数，即

```
#!/usr/bin/python3
def printHello() :
    print("Hello World!")
printHello()
```

程序首先定义printHello()函数，然后调用printHello()函数，运行结果为：

```
Hello World!
```

2.5.3 函数的参数

确定了函数参数的名称和位置之后，函数接口也就定义成功了。函数的调用者只需关心传递正确的参数及函数的返回值，函数内部的复杂逻辑已被封装起来了，调用者无须了解。

扫码观看视频

Python的函数定义非常简单，非常灵活，除了正常定义的必需参数外，还可以使用默认参数、关键字参数、不定长参数等。丰富的参数类型使函数接口不但能处理复杂的参数，还可以简化调用者的代码。

（1）必需参数

扫码观看视频

调用函数时，传入的参数成员和类型需要与函数的定义一致，否则会报语法错误。修改printHello()函数为有参函数时，如果在调用时不传入参数，则会提示TypeError错误，即：

```
#!/usr/bin/python3
def printHello(str) :
    print("Hello World!")
printHello()
```

执行以上程序，分析运行结果，出现TypeError错误，提示printHello()函数的调用需要传入str参数，如图2-21所示。

```
Traceback (most recent call last):
  File "E:\codetest\pythondemo\demo1.py", line 5, in <module>
    printHello()
TypeError: printHello() missing 1 required positional argument: 'str'

Process finished with exit code 1
```

图2-21　TypeError错误

（2）默认参数

修改printHello()函数，为其添加参数，可以将其默认设置为"python"，则当用户需要显示其他字样时仅需要传入str，而不需要每一次调用都输入，即：

```
#!/usr/bin/python3
def printHello(str,language = "Python") :
    print(str,language)
printHello("Hello")
printHello("你好","物联网Python")
```

执行以上程序，运行结果为：

```
Hello Python
Hello 物联网Python
```

其中，第一次调用printHello()函数并未传入language参数，language参数就是printHello()函数中的默认参数。

从上述例子可以看出，默认参数可以简化函数的调用。设置默认参数时需要注意，必需参数在前，默认参数在后，否则Python的解释器会报错；当函数有多个参数时，变化大的参数放在前面，变化小的参数放在后面，变化小的参数可作为默认参数。当函数的参数和默认参数的数量越多时，使用默认参数的方式能简化调用的复杂度。

（3）关键字参数

关键字参数和函数调用的关系紧密，函数调用使用关键字参数来确定传入的参数值。使用关键字参数允许函数调用时参数的顺序与声明时不一致，因为Python解释器能够用参数名匹配参数值。

以下示例在函数printme()调用时使用参数名：

```python
#!/usr/bin/python3
#可写函数说明
def printme(str):
    "打印任何传入的字符串"
    print (str)
    return
#调用printme函数
printme(str = "物联网Python")
```

以上示例输出结果:

物联网Python

以下示例演示了函数参数的使用不需要使用指定顺序:

```python
#!/usr/bin/python3
#可写函数说明
def printinfo( name, age ):
    "打印任何传入的字符串"
    print ("名字: ", name)
    print ("年龄: ", age)
    return
#调用printinfo()函数
printinfo( age=50, name="py" )
```

以上示例输出结果:

名字: py
年龄: 50

（4）不定长参数

有时候可能需要一个函数来处理比当初声明时更多的参数。这些参数称为不定长参数。和默认参数不同，不定长参数声明时不会命名。基本语法如下:

```python
def functionname([formal_args,] *var_args_tuple):
    "函数_文档字符串"
    function_suite
    return [expression]
```

加了星号（*）的参数会以元组（Tuple）的形式导入，存放所有未命名的变量参数。代码示例如下:

```python
#!/usr/bin/python3
# 可写函数说明
def printinfo( arg1, *vartuple ):
    print ("输出: ")
    print (arg1)
    print (vartuple)
# 调用printinfo()函数
printinfo( 70, 60, 50 )
```

以上示例输出结果：

输出：
70
(60, 50)

如果在函数调用时没有指定参数，那么它就是一个空元组。也可以不向函数传递未命名的变量。示例如下：

```
1.  #!/usr/bin/python3
2.  # 可写函数说明
3.  def printinfo( arg1, *vartuple ):
4.      #打印任何传入的参数
5.      print ("输出: ")
6.      print (arg1)
7.      for var in vartuple:
8.          print (var)
9.      return
10. # 调用printinfo()函数
11. printinfo( 10 )
12. printinfo( 70, 60, 50 )
```

以上示例输出结果：

输出：
10
输出：
70
60
50

还有一种就是参数带两个星号（**），基本语法如下：

```
def functionname([formal_args,] **var_args_dict ):
    "函数_文档字符串"
    function_suite
    return [expression]
```

加了两个星号（**）的参数会以字典的形式导入。示例代码如下：

```
1.  #!/usr/bin/python3
2.  # 可写函数说明
3.  def printinfo( arg1, **vardict ):
4.      print ("输出: ")
5.      print (arg1)
6.      print (vardict)
7.  # 调用printinfo()函数
8.  printinfo(1, a=2,b=3)
```

以上示例输出结果：

输出：
1
{'a': 2, 'b': 3}

声明函数时，参数中的星号（*）可以单独出现，例如：

def f(a,b,*,c):
    return a+b+c

单独出现在星号（*）后的参数必须用关键字传入。

```
>>> def f(a,b,*,c):
...     return a+b+c
>>> f(1,2,3)  # 报错
Traceback (most recent call last):
    File "<stdin>", line 1, in <module>
TypeError: f() takes 2 positional arguments but 3 were given
>>> f(1,2,c=3) # 正常
6
```

Python函数的参数形态非常灵活，可以是简单调用，也可以传递非常复杂的参数。默认参数只能使用不可变参数，如果用了可变参数，则运行时会出现逻辑错误。Python中的多种参数可以组合使用。

2.5.4 内置函数

Python提供了定义好的函数，称为内置（Built-in）函数。内置函数会随着Python解释器的运行而创建。在Python的程序中，用户可以随意调用这些函数，不需要定义。Python中常见的内置函数见表2-2，常见的类型转换函数见表2-3。

表2-2 常见的内置函数

abs()	dict()	help()	min()	setattr()
all()	dir()	hex()	next()	slice()
any()	divmod()	id()	object()	sorted()
ascii()	enumerate()	input()	oct()	staticmethod()
bin()	eval()	int()	open()	str()
bool()	exec()	isinstance()	ord()	sum()
bytearray()	filter()	issubclass()	pow()	super()
bytes()	float()	iter()	print()	tuple()
callable()	format()	len()	property()	type()
chr()	frozenset()	list()	range()	vars()
classmethod()	getattr()	locals()	repr()	zip()
compile()	globals()	map()	reversed()	__import__()
complex()	hasattr()	max()	round()	
delattr()	hash()	memoryview()	set()	

表2-3 常见的类型转换函数

函　　数	描　　述
int(x [,base])	将x转换为一个整数
float(x)	将x转换到一个浮点数
complex(real [,imag])	创建一个复数
str(x)	将对象 x 转换为字符串
repr(x)	将对象 x 转换为表达式字符串
eval(str)	用来计算字符串中的有效Python表达式，返回一个对象
tuple(s)	将序列 s 转换为一个元组
list(s)	将序列 s 转换为一个列表
set(s)	转换为可变集合
dict(d)	创建一个字典。d必须是一个(key,value)元组序列
frozenset(s)	转换为不可变集合
chr(x)	将一个整数转换为一个字符
ord(x)	将一个字符转换为它的整数值
hex(x)	将一个整数转换为一个十六进制字符串
oct(x)	将一个整数转换为一个八进制字符串

2.6　变量进阶

前面的内容中大概讲解了变量的定义和数据类型，本节将继续深入变量，分析其作用域。

2.6.1　全局变量与局部变量

Python与大部分的编程语言一样，也有全局变量和局部变量的区分。大体上来讲，函数内定义的变量为局部变量，函数外声明的变量为全局变量。局部变量的生命周期在函数内，函数退出则局部变量就被销毁；全局变量在程序的整个生命周期都存在，只有程序退出时，全局变量才退出。

扫码观看视频

1. #!/usr/bin/python3
2. num = 1
3. def modify():
4. 　　num = 2
5. 　　return num
6. modify()
7. print(num)

以上程序的运行结果为1，而不是2。因为modify()函数内的num实际上是局部变量，它的运算无法对全局变量num进行更改。

2.6.2 global关键字

全局变量在全局都可访问，因此函数内部可以使用全局变量。如果想要修改全局变量，则需要借助global关键字。在modify()函数内部添加global num，意味着它使用的num变量是全局变量。

```
1. #!/usr/bin/python3
2. num = 1
3. def modify():
4.     global num
5.     num = 2
6.     return num
7. modify()
8. print(num)
```

执行该程序的运行结果为2，因为通过global的声明，modify()函数成功地将全局变量num修改为2。

2.6.3 nonlocal关键字

在以上程序的modify()函数中继续构建modify1()函数，通过modify1()函数修改modify()函数的变量。

```
1. #!/usr/bin/python3
2. def modify():
3.     num = 1
4.     def modify1():
5.         num = 2
6.     modify1()
7.     return num
8. print(modify())
```

执行该程序的运行结果为1，modify1()函数想要修改上一层函数中的变量，需要借助nonlocal关键字。

```
1. #!/usr/bin/python3
2. def modify():
3.     num = 1
4.     def modify1():
5.         nonlocal num
6.         num = 2
7.     modify1()
8.     return num
9. print(modify())
```

再次执行程序得到预期的结果2。

2.6.4 变量作用域

在Python中，程序的变量并不是在任何位置都可以随意访问的，访问权限决定于这个变量在哪里赋值。变量的作用域决定了哪一部分程序可以访问哪个特定的变量。变量的作用域有4个，分别是：

1）局部作用域（Local，L）。

```
1.  def my_function():
2.      x = 10              # 局部变量
3.      print(x)
4.  my_function()           # 输出: 10
5.  print(x)                # 报错: NameError: name 'x' is not defined
```

2）闭包函数外的函数作用域（Enclosing，E）。

```
1.  def outer_function():
2.      x = 20              # 外层函数的局部变量
3.      def inner_function():
4.          print(x)        # 可以访问外层函数的局部变量
5.      inner_function()
6.  outer_function()        # 输出: 20
```

3）全局作用域（Global，G）。

```
1.  x = 30                  # 全局变量
2.  def my_function():
3.      print(x)            # 可以访问全局变量
4.  my_function()           # 输出: 30
5.  print(x)                # 输出: 30
```

4）内建作用域（Built-in，B）。

```
1.  print(len([1, 2, 3]))   # 输出: 3
```

Python按照LEGB的原则搜索变量，即优先级L>E>G>B。也就是说，在局部作用域找不到，便会去外面的局部作用域找（如闭包）。再找不到，就去全局作用域找。若还是找不到，则去内建作用域中找。

```
1.  g_count = 0             # 全局作用域
2.  def outer():
3.      o_count = 1         # 闭包函数外的函数中
4.      def inner():
5.          i_count = 2     # 局部作用域
```

作用域规则总结：

1）局部作用域：在函数内部定义的变量，只在函数内部可见。

2）嵌套作用域：内层函数可以访问外层函数的局部变量。

3）全局作用域：在模块级别定义的变量，可以在整个模块中访问。

4）内置作用域：Python解释器内置的名字空间，包含内置函数和异常。

理解变量的作用域有助于编写更加结构化和模块化的代码，避免不必要的变量冲突和错误。

2.7 模块与包

细心的读者肯定能够发现，在之前的内容中使用的所有测试代码都写在同一个源文件里面。随着程序功能复杂性的增加，代码量变得越来越多。假设一个程序有10万行代码，那么将所有的代码都写在一个源文件里面就不再合适。

为了代码逻辑更加清晰，更加便于维护，可以把不同功能的函数进行分组，分别存放在不同的源文件里面。这样，每个源文件的代码量就很少，非常便于理解和维护。每一个源文件都被保存为扩展名为.py的文件。在Python中，该.py文件就被称为模块。

2.7.1 使用模块

模块的最大好处是让程序逻辑更加清晰且便于维护。此外，模块可以反复被其他模块引用，可减少总的代码量。再者，使用模块可以避免函数和变量名的冲突，相同名字的函数和变量可以分别在不同的模块中定义和使用。

扫码观看视频

（1）定义模块

可以尝试定义一个新的模块，在模块中构建一个新的打印函数，使打印信息时能够加上个人标签，模块名为module，源文件为module.py，即：

```
1.  #!/usr/bin/python3
2.  def printInfo(input):
3.      print('Python',input)
```

（2）import语句

想要使用构建的module模块，需要在另一个源文件中使用import语句将module模块导入。编写测试程序test.py的代码为：

```
1.  #!/usr/bin/python3
2.  import module
3.  module.printInfo('test')
```

将module.py和test.py放置在同一个目录下,执行测试程序test.py的运行结果为:

```
Python test
```

(3) from import语句

Python的from语句让用户从模块中导入一个指定的部分到当前命名空间中,语法如下:

```
from modname import name1[, name2[, ... nameN]]
```

例如,要导入模块 fib 的 fibonacci 函数,使用如下语句:

```
from fib import fibonacci
```

这个声明不会把整个fib模块导入当前的命名空间中,它只会将fib里的fibonacci函数单个引入。

(4) from-import*语句

把一个模块的所有内容全部导入当前的命名空间也是可行的,只需使用如下声明:

```
from modname import *
```

这是一种一个简单的方法来导入一个模块中的所有项目,但是不建议过多地使用。

2.7.2 包

模块的存在解决了函数和变量名称冲突的问题。那么在一个项目中,不同程序员编写的模块名相同时怎么办?为了避免模块名的冲突,Python引入按目录来组织模块的机制,称为包。

包是一个分层次的文件目录结构,它定义了一个由模块及其子包,以及子包下的子包等组成的Python应用环境。简单来说,包就是文件夹,但该文件夹下必须存在__init__.py文件,该文件的内容可以为空。__init__.py用于标识当前文件夹是一个包。

以package_test目录下的test1.py、test2.py、__init__.py文件为例,test.py为测试调用包的代码,目录结构如下:

```
test.py
package_test
|-- __init__.py
|-- test1.py
|-- test2.py
```

源代码如下:

```
    package_test/test1.py
1.  def test1():
2.      print ("I'm in test1")
    package_test/test2.py
1.  def test2():
2.      print ("I'm in test2")
```

现在,在package_test目录下创建__init__.py文件:

```
1. #!/usr/bin/python
2. # -*- coding: UTF-8 -*-
3. if __name__ == '__main__':
4.     print ("作为主程序运行")
5. else:
6.     print ("package_test 初始化")
```

然后在package_test同级目录下创建test.py来调用package_test包，编写test.py代码如下：

```
1. #!/usr/bin/python
2. # -*- coding: UTF-8 -*-
3. # 导入调用包
4. from package_test.test1 import test1
5. from package_test.test2 import test2
6. test1()
7. test2()
```

以上示例输出结果：

package_test 初始化
I'm in test1
I'm in test2

2.8 异常处理

在Python中，异常处理是一种处理运行时错误的机制。它允许在发生错误时执行特定的代码，而不是让程序崩溃。在程序运行过程中总会出现各种错误。一类错误是程序代码中的语法错误造成的；另一类错误在程序运行过程中是无法预测的，如网络通信程序遇到网络端口、写文件时发现磁盘已满等情况，这类错误被称为异常，程序可能会因为异常而终止并退出。

扫码观看视频

为了增加程序的健壮性，Python内置了一套try-except-finally…异常处理机制来处理异常，确保程序能在异常情况发生时继续运行或进行适当的清理工作。如：

扫码观看视频

while True print('Hello world')

以上代码中，函数print()被检查到错误，前面少了一个冒号":"。语法分析器检测出了错误，并且在最先发现的错误位置标记了一个箭头。错误提示信息如下：

File"<stdin>", line1, in?
while True print（'Hello world'）
          ^
SyntaxError: 无效语法

使用try机制编写的测试代码为:

```
1. while True:
2.     try:
3.         x=int(input("请输入一个数字: "))
4.         break
5.     except ValueError:
6.         print("您输入的不是数字,请再次尝试输入!")
```

try语句按照如下方式工作:

1)首先执行try子句(在关键字try和关键字except之间的语句)。

2)如果没有异常发生,则忽略except子句,try子句执行后结束。

3)如果在执行try子句的过程中发生了异常,那么try子句余下的部分将被忽略。如果异常的类型和except之后的名称相符,那么对应的except子句将被执行。

4)如果一个异常没有与任何的except匹配,那么这个异常将会传递给上层的try中。

一个try语句可能包含多个except子句,分别来处理不同的特定的异常。最多只有一个分支会被执行。处理程序将只针对对应的try子句中的异常进行处理,而不是处理其他try子句中的异常。

一个except子句可以同时处理多个异常,这些异常将被放在一个括号里成为一个元组,例如:

```
except (RuntimeError, TypeError, NameError):
    pass
```

最后一个except子句可以忽略异常的名称,它将被当作通配符使用。用户可以使用这种方法打印一个错误信息,然后再次把异常抛出。

```
1.  import sys
2.  try:
3.      f = open('myfile.txt')
4.      s = f.readline()
5.      i = int(s.strip())
6.  except OSError as err:
7.      print("OS error: {0}".format(err))
8.  except ValueError:
9.      print("Could not convert data to an integer. ")
10. except:
11.     print("Unexpected error: ", sys.exc_info()[0])
12.     raise
```

以下示例在try语句中判断文件是否可以打开。如果打开文件时是正常的,没有发生异常,则执行else部分的语句:

```
1. for arg in sys.argv[1:]:
2.     try:
3.         f = open(arg, 'r')
4.     except IOError:
5.         print('cannot open', arg)
6.     else:
7.         print(arg, 'has', len(f.readlines()),'lines')
8.         f.close()
```

使用else子句比把所有的语句都放在try子句里面要好,这样可以避免一些意想不到的而except又无法捕获的异常。

异常处理不仅是处理那些直接发生在try子句中的异常,还能处理子句中调用的函数(甚至间接调用的函数)里抛出的异常。

- try-finally语句。

  try-finally语句无论是否发生异常都将执行最后的代码。

- try/except...else。

  try/except语句还有一个可选的else子句。如果使用这个子句,那么必须放在所有的except子句之后。

else子句将在try子句没有发生任何异常的时候执行。

以下示例中,finally语句无论异常是否发生都会执行:

```
1.  try:
2.      test()
3.  except AssertionError as error:
4.      print(error)
5.  else:
6.      try:
7.          with open('file.log') as file:
8.              read_data = file.read()
9.      except FileNotFoundError as fnf_error:
10.         print(fnf_error)
11. finally:
12.     print('这句话,无论异常是否发生都会执行。')
```

Python的内置函数会抛出各种类型的异常,自己编写的函数同样可以抛出异常。想要抛出异常,需要定义一个异常类,并使用raise语句将其抛出。

raise [Exception [, args [, traceback]]]

以下示例中,如果x大于5,就触发异常:

```
x = 10
if x > 5:
    raise Exception('x 不能大于 5。x 的值为: {}'.format(x))
```

执行以上代码会触发异常:

```
Traceback（most recent call last）:
    File "test.py", line 3, in <module>
        raise Exception（'x 不能大于 5。x 的值为: {}'.format（x））
Exception: x 不能大于 5。x 的值为: 10
```

raise唯一的一个参数指定了要被抛出的异常。它必须是一个异常的实例或者是异常的类（也就是Exception的子类）。

如果只想知道是否抛出了一个异常,而并不想去处理它,则使用一个简单的raise语句就可以再次把它抛出。

```
>>> try:
        raise NameError('HiThere')
    except NameError:
        print('An exception flew by! ')
        raise

An exception flew by!
Traceback (most recent call last):
  File "<stdin>", line 2, in ?
NameError: HiThere
```

2.9 小结

本单元主要围绕Python环境的安装以及Python程序设计基础进行讲解,重点介绍了Python代码编写风格、基本数据类型、控制语句、函数、变量进阶、模块与包、异常处理等内容。

2.10 习题

一、单项选择题

1. Python程序文件的扩展名是（　　）。

　　A．.python　　　　B．.pyt　　　　C．.pt　　　　D．.py

2．以下叙述中正确的是（　　）。

　　A．Python 3.x与Python 2.x兼容

　　B．Python语句只能以程序方式执行

　　C．Python是解释型语言

　　D．Python语言出现得晚，具有其他高级语言的一切优点

3．下列选项中合法的标识符是（　　）。

　　A．_7a_b　　　　B．break　　　　C．_a$b　　　　D．7ab

4．Python不支持的数据类型有（　　）。

　　A．char　　　　B．int　　　　C．float　　　　D．list

5．关于Python中的复数，下列说法错误的是（　　）。

　　A．表示复数的语法形式是a+bj　　　B．实部和虚部都必须是浮点数

　　C．虚部必须加后缀j，且必须是小写　　D．函数abs()可以求复数的模

6．函数type(1+0xf*3.14)的返回结果是（　　）。

　　A．<class 'int'>　　　　　　　　B．<class 'long'>

　　C．<class 'str'>　　　　　　　　D．<class 'float'>

7．字符串s='a\nb\tc'，则len(s)的值是（　　）。

　　A．7　　　　B．6　　　　C．5　　　　D．4

8．Python语句print(0xA+0xB)的输出结果是（　　）。

　　A．0xA+0xB　　　B．A+B　　　C．0xA0xB　　　D．21

9．语句eval('2+4/5')执行后的输出结果是（　　）。

　　A．2.8　　　　B．2　　　　C．2+4/5　　　　D．'2+4/5'

10．与数学表达式 $\dfrac{cd}{2ab}$ 对应的Python表达式中，不正确的是（　　）。

　　A．c*d/(2*a*b)　　B．c/2*d/a/b　　C．c*d/2*a*b　　D．c*d/2/a/b

11．为了给整型变量x、y、z赋初值10，下面正确的Python赋值语句是（　　）。

　　A．xyz=10　　　　　　　　B．x=10 y=10 z=10

　　C．x=y=z=10　　　　　　　D．x=10,y=10,z=10

12．将数学式2<x≤10表示成正确的Python表达式为（　　）。

　　A．2<x<=10　　　　　　　B．2<x and x<=10

C. 2<x && x<=10   D. x>2 or x <=10

13. 以下if语句语法正确的是（   ）。

    A.
    ```
    if a>0:x=20
    else:x=200
    ```

    B.
    ```
    if a>0:x=20
    else:
        x=200
    ```

    C.
    ```
    if a>0:
        x=20
    else:x=200
    ```

    D.
    ```
    if a>0:
        x=20
    else:
        x=200
    ```

14. 关于while循环和for循环的区别，下列叙述中正确的是（   ）。

    A．while语句的循环体至少无条件执行一次，for语句的循环体有可能一次都不执行

    B．while语句只能用于循环次数未知的循环，for语句只能用于循环次数已知的循环

    C．在很多情况下，while语句和for语句可以等价使用

    D．while语句只能用于可迭代变量，for语句可以用任意表达式表示条件

15. 以下for语句中，不能完成1~10的累加功能的是（   ）。

    A. for i in range(10,0):sum+=i

    B. for i in range(1,11):sum+=i

    C. for i in range(10,-1):sum+=i

    D. for i in (10,9,8,7,6,5,4,3,2,1):sum+=i

16. 下列选项中不属于函数优点的是（   ）。

    A．减少代码重复   B．使程序模块化

    C．使程序便于阅读   D．便于发挥程序员的创造力

17. 以下关于函数说法正确的是（　　）。

    A．函数的实际参数和形式参数必须同名

    B．函数的形式参数既可以是变量，也可以是常量

    C．函数的实际参数不可以是表达式

    D．函数的实际参数可以是其他函数的调用

18. 下列程序的运行结果是（　　）。

    ```
    def f(x=2,y=0):
        return x-y
    y=f(y=f(),x=5)
    print(y)
    ```

    A．-3　　　　　　B．3　　　　　　C．2　　　　　　D．5

19. 下列程序的输出结果是（　　）。

    ```
    x=10
    raise Exception("AAA")
    x+=10
    print("x=",x)
    ```

    A．Exception: AAA　　　　　　B．10

    C．20　　　　　　　　　　　　D．x=20

20. 如果以负数作为平方根函数math.sqrt()的参数，将产生（　　）。

    A．死循环　　　　　　　　　　B．复数

    C．ValueError异常　　　　　　D．finally

二、填空题

1. Python语句既可以采用交互式的_____执行方式，又可以采用_____执行方式。

2. 在Python集成开发环境中，可使用快捷键_____运行程序。

3. Python语言通过_____来区分不同的语句块。

4. 使用math模块库中的函数时，必须要使用_____语句导入该模块。

5. 表达式2<=1 and 0 or not 0的值是_____。

6. 当x=0，y=50时，语句z=x if x else y执行后，z的值是_____。

7. 执行循环语句for i in range(1,5,2):print(i)，循环体执行的次数是_____。

8. 循环语句for i in range(-3,21,4)的循环次数为_____。

9．函数首部以关键字_____开始，最后以_____结束。

10．Python提供了一些异常类，所有异常都是_____的成员。

11．使用关键字_____可以在一个函数中设置一个全局变量。

三、问答题

1．Python语言有哪些数据类型？

2．简述Python程序中语句的缩进规则。

3．Python的基本输入/输出通过哪些语句来实现？

4．什么是循环结构？举例说明其应用。

5．break语句和continue语句的区别是什么？

6．什么是模块？如何导入模块？

7．什么是异常？异常处理有何作用？在Python中如何处理异常？

8．assert语句和raise语句有何作用？

9．用while语句改写下列程序。

```
s=0
for i in range(2,101,2):
    s+=i
print(s)
```

10．分析下面的程序。

```
x=10
def f():
    #y=x
    x=0
    print(x)
print(x)
f()
```

1）函数f()中的x和程序中的x是同一个变量吗？程序的输出结果是什么？

2）删除函数f()中第一个语句前面的"#"，此时运行程序会出错，为什么？

3）删除函数f()中第一个语句前面的"#"，同时在函数f()中的第二个语句前面加"#"，此时程序能正确运行，为什么？写出运行结果。

单元 ③

玩转Python数据结构

学习目标

知识目标

- 掌握字符串的索引和切片操作。
- 了解字符串运算符及格式化操作。
- 掌握列表的更改、删除、增加等常见操作。
- 掌握列表常见内置函数及其使用方法。
- 了解元组的特点及其与列表的区别。
- 掌握字典的基础操作及常见函数。
- 了解集合的常见内置函数。

能力目标

- 能够编程实现字符串的索引和切片处理。
- 能够编程实现字符串的格式化输出。
- 能够编程实现列表的增删改查。
- 能够区别Python序列的基本操作。
- 学会在不同条件下序列的应用。

素质目标

- 增强创新意识,鼓励使用编程技术为社会创造价值。

Python作为一门高级编程语言，提供了多种数据结构，大致分为3类：序列、映射和集合。其中，序列包括字符串、列表和元组；映射的典型代表是字典。想要深入掌握一门编程语言，熟练使用其数据结构是必须的。前面粗略介绍了Python的各种数据类型，本单元将深入剖析这几种数据结构。

3.1 字符串

字符串类型是Python里面很常见的数据结构。字符串的创建非常简单，可以通过在引号中包含字符的方式创建，单引号和双引号的效果是一样的。

var1 = 'Hello World!'
var2 = "Python"

扫码观看视频

Python和其他高级编程语言类似，一个反斜杠（\）加一个单一字符可以表示一个特殊字符，如\n表示换行。此外，反斜杠还可以用来转义。Python常用的特殊字符及示例见表3-1。

表3-1　Python常用的特殊字符及示例

转义字符	描述	示例
\（在行尾时）	续行符	print("line1 \ ... line2") line1 ... line2
\\	反斜杠符号	print("\\") \
\'	单引号	print('\' ')
\"	双引号	print("\" ") "
\a	响铃	print("\a") 执行后计算机有响声
\b	退格（Backspace）	print("Hello \b World! ") Hello World!
\000	空	print("\000")
\n	换行	print("\n")
\v	纵向制表符	print("Hello \v World! ") Hello 　　　　World!

(续)

转义字符	描　述	示　例
\t	横向制表符	print("Hello \t World! ") Hello World!
\r	回车，将\r后面的内容移到字符串开头，并逐一替换开头部分的字符，直至将\r后面的内容完全替换完成	print("Hello\rWorld! ") World! print('google runoob taobao\r123456') 123456 runoob taobao
\f	换页	print("Hello \f World! ") Hello 　　　World!
\yyy	八进制数，y代表0～7的字符，例如，\012代表换行	print(" \110\145\154\154\157\40\127\157\162\154\144\41") Hello World!
\xyy	十六进制数，以 \x 开头，y代表的字符，例如，\x0a代表换行	print(" \x48\x65\x6c\x6c\x6f\x20\x57\x6f\x72\x6c\x64\x21") Hello World!

3.1.1 索引和切片

索引和切片是Python中操作序列（如字符串、列表、元组等）的两种基本方法，允许用户访问序列中的元素或子序列。字符串属于序列，而序列的每一个元素都可以通过指定一个偏移量的方式访问，多个元素可以通过切片的方式得到。

（1）索引

索引用于访问序列中的单个元素。在Python中，索引从0开始，表示第一个元素，依次递增。可以使用正整数索引访问正向序列中的元素，使用负整数索引访问倒序序列中的元素。例如：

```
my_string = "Python"
print(my_string[0])
print(my_string[2])
print(my_string[-1])
```

执行以上程序的运行结果为：

```
P
t
n
```

这里，索引从0开始，依次递增，-1表示最后一个元素。

（2）切片

切片用于获取序列中的子序列。语法为"start:stop:step"，其中start是起始索引（包含），stop是结束索引（不包含），step是步长（默认为1）。例如：

```
my_string = "Python"
print(my_string[1:4])
print(my_string[:3])
print(my_string[::2])
```

执行以上程序的运行结果为：

```
yth
Pyt
Pto
```

需要注意的是：

1）索引和切片都可以用于字符串、列表、元组等序列类型。

2）切片操作不会修改原始序列，而是返回一个新的序列。

3）如果start省略，则默认为0；如果stop省略，则默认为序列的长度。

4）如果step为正数，则从左向右获取子序列；如果step为负数，则从右向左获取子序列。

例如：

```
my_list = [1, 2, 3, 4, 5]
print(my_list[0])
print(my_list[2:4])
print(my_list[::-1])
```

执行以上程序的运行结果为：

```
1
[3, 4]
[5, 4, 3, 2, 1]
```

3.1.2 字符串运算符

除了索引[]和切片[:]之外，Python的字符串还有其他一些运算符，如加号（+，用于字符串连接）、星号（*，表示字符串重复）、成员运算符（in和not in）。

需要注意的是，Python中的字符串是不允许被修改的。运行以下代码，分析运行结果。

```
1. #!/usr/bin/python3
2. a = "Hello"
3. b = "Python"
4. print("a + b 输出结果：", a + b)
5. print("a * 2 输出结果：", a * 2)
6. print("a[1] 输出结果：", a[1])
7. print("a[1:4] 输出结果：", a[1:4])
8. if("H" in a):
```

```
9.    print("H 在变量 a 中")
10. else :
11.    print("H 不在变量a中")
12. if("M" not in a) :
13.    print("M 不在变量 a 中")
14. else :
15.    print(" 在变量 a 中")
16. print (r'\n')
17. print (R'\n')
```

以上示例输出结果为:

a + b 输出结果：HelloPython
a * 2 输出结果：HelloHello
a[1] 输出结果：e
a[1:4] 输出结果：ell
H 在变量 a 中
M 不在变量 a 中
\n
\n

常用的字符串运算符及示例见表3-2。

表3-2　常用的字符串运算符及示例

操 作 符	描　　述	示　　例
+	字符串连接	a+b的输出结果：HelloPython
*	重复输出字符串	a*2 输出结果：HelloHello
[]	通过索引获取字符串中的字符	a[1] 输出结果：e
[:]	截取字符串中的一部分，遵循左闭右开原则	a[1:4] 输出结果：ell
in	如果字符串中包含给定的字符，则返回True	'H' in a 输出结果：True
not in	如果字符串中不包含给定的字符，则返回True	'M' not in a 输出结果：True
r/R	原始字符串，引号里的字符都是普通字符串，无转义作用	print（r'\n'） print（R'\n'）

3.1.3　字符串格式化

Python支持格式化字符串的输出，非常类似于C语言。格式化字符串的输出格式为：

%[(name)] [flag] [width] [.] [precision] type

name：可为空，命名（传递参数名，不能以数字开头）以字典格式映射格式化，其为键名。

flag：标记格式限定符号，包含+、-、#和0。+表示右对齐（会显示正负号）；-表示左对齐，前面默认填充空格（即默认右对齐）；0表示填充0；#表示八进制时前面补充0；十六进制数填充0x；二进制填充0b。

width：宽度（最短长度，包含小数点，小于width时会填充）。

precision：小数点后的位数，与C相同。

type：输入格式类型，Python语言的格式类型符号见表3-3。

表3-3　Python语言的格式类型符号

符　号	描　述
%c	格式化字符及其ASCII码
%s	格式化字符串
%d	格式化整数
%u	格式化无符号整型
%o	格式化无符号八进制数
%x	格式化无符号十六进制数
%X	格式化无符号十六进制数（大写）
%f	格式化浮点数字，可指定小数点后的精度
%e	用科学记数法格式化浮点数
%E	作用同%e，用科学记数法格式化浮点数
%g	%f和%e的简写
%G	%f和%E的简写
%p	用十六进制数格式化变量的地址

3.1.4　字符编码

众所周知，计算机只能识别0和1，即只能处理二进制数。想要处理字符串，就需要将其转换为数字。计算机采用连续的8个二进制数，也就是8个bit组成一个byte（字节），一个字节就能表示255个数字。计算机中最早的127个字符（大小写英文字母、数字和一些符号）可以使用不同的数字分别来代表，这个编码规则被称为ASCII码，例如，使用数字65代表大写字母A。

随着更多国家语言的加入，ASCII码就不够用了。为了解决这个问题，一种万国码出现了，它就是Unicode。Unicode编码对所有语言的字符都采用两个字节表示，这样就不会有乱码问题了。虽然解决了乱码问题，但是很快又发现了新的问题。因为只需要一个字节就可以表示英文，但是为了统一，强制使用两个字节来表示英文。如果文本的英文内容较多，则Unicode编码比ASCII编码需要额外多出一倍的存储空间，这是非常浪费的。为了节省空间，产生了UTF-8（可变长度字符）编码。顾名思义，UTF-8编码的长度是可变的。它将常用的英文字母编码成1个字节，汉字则为3个字节，非常灵活，大大节省了计算机的存储空间。基于各种编码的不同特点，字符串在计算机内存中统一使用Unicode编码，当对字符串存储和传输时，则转换为UTF-8编码。

在Python 3中，字符串是用Unicode编码的，在内存中，一个字符对应多个字节。当对字符串存储和传输时，就需要将字符串转换为字节单位bytes。字符串编码与解码分别对应：

1)编码(encode):将字符串从Unicode编码转换为指定的字节编码。

2)解码(decode):将字节编码转换为Unicode编码的字符串。

Python中的bytes类型使用b'xxx'表示,即:

```
1. #!/usr/bin/python3
2. x = b'Python'
3. print(type(x))
```

输出结果为:

```
<class 'bytes'>
```

用Unicode编码的字符串可以使用encode()方法转换为bytes,即:

```
1. #!/usr/bin/python3
2. str = 'Python'
3. print(type(str))
4. str.encode()
5. print(str)
6. print(type(str.encode()))
```

输出结果为:

```
<class 'str'>
Python
<class 'bytes'>
```

反过来,从存储介质和传输流中获取的bytes类型需要使用decode()方法转换为字符串,即:

```
1. #!/usr/bin/python3
2. str = b'Python'
3. print(type(str))
4. str.decode()
5. print(str)
6. print(type(str.decode()))
```

输出结果为:

```
<class 'bytes'>
b'Python'
<class 'str'>
```

Python中对中文编码及解码的过程中容易出现乱码现象,中文乱码产生原因及常见问题的解决方法在这里给出一些提示。

中文乱码问题的根本原因是几种常见中文编码之间存在兼容性。所谓兼容性,可以简单理解为子集,同时存在,不冲突。ASCII码被所有编码兼容,而最常见的UTF-8与GBK之间除了ASCII部分之外其他部分没有交集，这也是平时最常见的导致乱码的场景，使用UTF-8去读取GBK编码的文字，可能会看到各种乱码。由于在文件存储和网络传输中具体使用哪种编码并不明确，所以在读取解码时如果使用的解码方式不对应，就会产生乱码。

使用Requests获得网站内容后，发现中文显示为乱码。

1. import requests
2. from bs4 import BeautifulSoup
3.
4. url='http://w3school.com.cn'
5. response=requests.get(url)
6. soup=BeautifulSoup(response.text, 'lxml')
7. xx=soup.find('div',id='d1').h2.text
8. print(xx)

输出结果为：

Á ì ÏÈµÄ Web ¼¼Ê õ½Ì³ Ì – È «² ¿Ãâ • Ñ

这是因为代码中获得的网页的响应体response和网站的编码方式不同，输入response.enconding得到的结果是ISO-8859-1。意思是Requests基于HTTP头部推测的文本编码方式是ISO-8859-1，实际网站真正使用的编码是gb2312。此时只需要声明response的正确编码方式为gb2312就可以了。

response.encoding='gb2312'。

3.2 列表

列表（List）是一种常用的数据结构，用于存储有序的元素集合。列表也是序列的一种，使用方括号（[ ]）表示，使用逗号分隔开各元素。列表中的元素类型可以不同，同一个列表中可以包含数字、字符串等多种数据类型。

定义一个列表一般指的是定义一个空列表或者包含列表元素的列表，方法如下：

扫码观看视频

# 创建一个空列表
empty_list = []
# 创建一个包含一些元素的列表
fruits = ["apple","banana","cherry"]

扫码观看视频

3.2.1 列表操作

（1）访问列表

与字符串一样，列表可以被索引和截取。

```
1.  #!/usr/bin/python3
2.  list = ['Google', 'baidu', "Zhihu", "Taobao", "Wiki"]
3.  # 读取第二位
4.  print ("list[1]: ", list[1])
5.  # 从第二位开始（包含）截取到倒数第二位（不包含）
6.  print ("list[1:-2]: ", list[1:-2])
```

执行以上程序的运行结果为：

```
list[1]:  baidu
list[1:-2]:  ['baidu', 'Zhihu']
```

（2）更改列表

列表中的元素允许被修改，可以对列表的数据项进行修改或更新。一般，列表元素的增加有3种方式：append()在列表末尾追加一个元素，extend()在列表末尾添加至少一个元素，insert()在列表任意位置添加一个元素。

使用append()方法添加列表项，可在列表末尾添加一个元素，该元素可以是str类型、int类型，或者列表对象。代码如下：

```
1.  #!/usr/bin/python3
2.  list = ['Google', 'Yxu', 1997, 2000]
3.  print ("第三个元素为：", list[2])
4.  list[2] = 2001
5.  print ("更新后的第三个元素为：", list[2])
6.  list1 = [\'Google','Jingdong', 'Taobao']
7.  list1.append('Baidu')
8.  print ("更新后的列表：", list1)
```

执行以上程序的运行结果为：

```
第三个元素为：1997
更新后的第三个元素为：2001
更新后的列表：['Google', 'Jingdong', 'Taobao', 'Baidu']
```

list列表中的第三个元素成功地由"1997"修改为"2001"，list1列表中追加了元素"Baidu"。

extend()方法在列表末尾一次性添加多个元素，代码如下：

```
1.  lst = ["KO", "no", "Dio", "da"]
2.  print("------原列表------")
3.  print(lst)
4.
5.  print("------extend()------")
6.  lst1 = ["aaa","bbb"]
7.  lst.extend(lst1)
8.  print(lst)
```

执行以上程序的运行结果为：

------原列表------
['KO', 'no', 'Dio', 'da']
------extend()------
['KO', 'no', 'Dio', 'da', 'aaa', 'bbb']

insert()在列表任意位置插入一个元素，insert(index,value)的第一个参数为位置，第二个为要插入的列表元素。代码如下：

1. lst = ["KO", "no", "Dio", "da"]
2. print(lst)
3. lst.insert(2, "嘿嘿嘿")
4. print(lst)

执行以上程序的运行结果为：

['KO', 'no', 'Dio', 'da']
['KO', 'no', '嘿嘿嘿', 'Dio', 'da']

（3）删除列表元素

Python中列表元素的删除一般有4种方法。主要分为以下3种场景：

- 根据目标元素所在位置的索引进行删除，可以使用del关键字或者 pop()方法。
- 根据元素本身的值进行删除，可使用 remove()方法。
- 将列表中的所有元素全部删除，可使用 clear()方法。

下面分别对3种场景的4种方法的列表元素删除操作做详细介绍。

1）del：根据索引值删除元素。

del可以删除列表中的单个元素，格式为：

del listname[index]

其中，listname表示列表名称，index表示元素的索引值。示例如下：

1. #!/usr/bin/python3
2. list = ['Google', 'Baidu', 1997, 2000]
3. print ("原始列表 : ", list)
4. del list[2]
5. print ("删除第三个元素 : ", list)

执行以上程序的运行结果为：

原始列表：['Google', 'Baidu', 1997, 2000]
删除第三个元素：['Google', 'Baidu', 2000]

del也可以删除中间一段连续的元素，格式为：

```
del listname[start : end]
```

其中，start表示起始索引，end表示结束索引。del会删除从索引start到end之间的元素，不包括end位置的元素。示例如下：

1. lang = ["Python", "C++", "Java", "PHP", "Ruby", "MATLAB"]
2. del lang[1: 4]
3. print(lang)
4. lang.extend(["SQL", "C#", "Go"])
5. del lang[-5: -2]
6. print(lang)

运行结果为：

['Python', 'Ruby', 'MATLAB']
['Python', 'C#', 'Go']

2）pop()：根据索引值删除元素。

pop()方法删除列表中的指定元素。具体格式如下：

listname.pop(index)

其中，listname表示列表名称，index表示索引值。如果不写index参数，则默认会删除列表中的最后一个元素，类似于数据结构中的"出栈"操作。

1. nums = [40, 36, 89, 2, 36, 100, 7]
2. nums.pop(3)
3. print(nums)
4. nums.pop()
5. print(nums)

运行结果为：

[40, 36, 89, 36, 100, 7]
[40, 36, 89, 36, 100]

大部分编程语言都会提供和pop()相对应的方法，就是push()。该方法用来将元素添加到列表的尾部，类似于数据结构中的"入栈"操作。但是Python并没有提供push()方法，因为完全可以使用append()来代替push()的功能。

3）remove()：根据元素值进行删除。

除了del关键字，Python还提供了remove()方法，该方法会根据元素本身的值来进行删除操作。需要注意的是，remove()方法只会删除第一个和指定值相同的元素，而且必须保证该元素是存在的，否则会引发ValueError错误。remove()方法使用示例如下：

1. nums = [40, 36, 89, 2, 36, 100, 7]
2. #第一次删除36
3. nums.remove(36)

```
4.  print(nums)
5.  #第二次删除36
6.  nums.remove(36)
7.  print(nums)
8.  #删除78
9.  nums.remove(78)
10. print(nums)
```

运行结果为:

```
Traceback (most recent call last):
    File "C:\Users\mozhiyan\Desktop\demo.py", line 9, in <module>
      nums.remove(78)
ValueError: list.remove(x): x not in list
```

最后一次删除时,因为78不存在而导致报错,所以在使用remove()删除元素时最好提前进行判断。

4) clear(): 删除列表的所有元素。

clear()用来删除列表的所有元素,也即清空列表。示例代码如下:

```
1. url = list("http://c.biancheng.net/python/")
2. url.clear()
3. print(url)
```

运行结果为:

[]

(4) 列表操作符

与字符串类似,列表除了索引[]和切片[:]之外,还有其他一些运算符,如加号(+,用于列表连接)、星号(*,表示重复)、成员运算符(in)等,见表3-4。

表3-4 Python列表操作符

Python 表达式	结 果	描 述
len([1, 2, 3])	3	长度
[1, 2, 3] + [4, 5, 6]	[1, 2, 3, 4, 5, 6]	组合
['Hi! '] * 4	['Hi! ', 'Hi! ', 'Hi! ', 'Hi! ']	重复
3 in [1, 2, 3]	True	元素是否存在于列表中
for x in [1, 2, 3]: print(x, end=" ")	1 2 3	迭代

3.2.2 列表常用函数

Python列表自带很多函数和方法,可方便开发者对列表的使用。

1) len(list): 统计列表元素个数。

```
#!/usr/bin/python3
list = [1,1,2,3,4,2,5,6,7]
# len(list)统计列表元素个数
print(len(list))
```

输出结果为：9

2）max(list)：获取列表元素中的最大值。

min(list)：获取列表元素中的最小值。

1. #!/usr/bin/python3
2. list = [1,1,2,3,4,2,5,6,7]
3. # max(list)获取列表元素中的最大值
4. print(max(list))
5. # min(list)获取列表元素中的最小值
6. print(min(list))

输出结果为：

7
1

3）list.append(obj)：在列表末尾添加新的对象。

1. #!/usr/bin/python3
2. list = [1,1,2,3,4,2,5,6,7]
3. # list.append(obj)在列表末尾添加新的对象
4. list.append(8)
5. print(list)

输出结果为：

[1, 1, 2, 3, 4, 2, 5, 6, 7, 8]

4）list.count(obj)：统计某个元素在列表中出现的次数。

1. #!/usr/bin/python3
2. list = [1,1,2,3,4,2,5,6,7]
3. # list.count(obj)统计元素"1"在列表中出现的次数
4. print(list.count(1))

输出结果为：2

5）list.reverse(obj)：将列表中的元素反向。

1. #!/usr/bin/python3
2. list = [1,1,2,3,4,2,5,6,7]
3. # list.reverse(obj)将列表中的元素反向
4. list.reverse()
5. print(list)

输出结果为:

[7, 6, 5, 2, 4, 3, 2, 1, 1]

6) list.remove(obj): 移除列表中的第一个匹配项。

1. #!/usr/bin/python3
2. list = [1,1,2,3,4,2,5,6,7]
3. # list.remove(obj)移除列表中的第一个匹配项,移除第一个2
4. list.remove(2)
5. print(list)

输出结果为:

[1, 1, 3, 4, 2, 5, 6, 7]

3.3 元组

元组也是序列的一种,与列表很类似。不同之处在于,列表使用方括号定义,而元组使用小括号定义。此外,列表的元素可以被修改,而元组的元素则不允许更改。

定义一个元组的方法如下:

tup = (1, 2, 3, 4, 5, 6, 7)

创建一个空元组的方法如下:

tup = ()

需要注意的是,定义一个只有一个元素的元组时,需要在元素后面添加逗号分隔符。

错误的定义: tup = (1)

正确的定义: tup = (1,)

与列表一样,元组同样可以被索引和截取。

1. #!/usr/bin/python3
2. tup1 = ('Google', 'baidu', 1997, 2000)
3. tup2 = (1, 2, 3, 4, 5, 6, 7)
4. print ("tup1[0]: ", tup1[0])
5. print ("tup2[1:5]: ", tup2[1:5])

以上示例输出结果:

tup1[0]: Google
tup2[1:5]: (2, 3, 4, 5)

3.3.1 元组操作符

元组中的元素值是不允许删除的,但可以使用del语句来删除整个元组,示例如下:

```
1. #!/usr/bin/python3
2. tup = ('Google', 'Baidu', 1997, 2000)
3. print (tup)
4. del tup
5. print ("删除后的元组 tup : ")
6. print (tup)
```

以上示例中的元组被删除后,输出变量会有异常信息,输出如下:

```
删除后的元组 tup :
Traceback (most recent call last):
  File "test.py", line 8, in <module>
    print (tup)
NameError: name 'tup' is not defined
```

与列表类似,元组除了索引[]和切片[:]之外,还有其他一些运算符,如加号(+,用于连接两个元组)、星号(*,进行元组的重复)及成员运算符(in)。元组运算符见表3-5。

表3-5 元组运算符

Python表达式	结　　果	描　　述
len((1, 2, 3))	3	计算元素个数
(1, 2, 3) + (4, 5, 6)	(1, 2, 3, 4, 5, 6)	连接
('Hi! ',) * 4	('Hi! ', 'Hi! ', 'Hi! ', 'Hi! ')	复制
3 in (1, 2, 3)	True	元素是否存在
for x in (1, 2, 3): print (x,)	1 2 3	迭代

3.3.2 元组内置函数

Python提供了一些内置函数和方法来操作和处理元组,以下是几个常用的元组内置函数和方法。

1)len(tuple):计算元组元素个数。

```
>>> tuple1 = ('Google', 'Baidu', 'Taobao')
>>> len(tuple1)
3
```

2)max(tuple):返回元组中元素的最大值。

```
>>> tuple2 = ('5', '4', '8')
>>> max(tuple2)
'8'
```

3)min(tuple):返回元组中元素的最小值。

```
>>> tuple2 = ('5', '4', '8')
>>> min(tuple2)
'4'
```

4）tuple(seq)：将列表转换为元组。

```
>>> list1= ['Google', 'Taobao', 'Jingdong', 'Baidu']
>>> tuple1=tuple(list1)
>>> tuple1
('Google', 'Taobao', 'Jingdong', 'Baidu')
```

3.4 字典

映射是一种关联式的容器类型，用于存储对象与对象之间的映射关系。字典（dict）也称为散列表，是Python中唯一的映射类型，是用于存储键值对（由键映射到值）的关联容器。字典的每个键值（key=>value）对都用冒号（:）分隔，每对之间用逗号（,）分隔，整个字典包括在花括号（{}）中，格式为：

扫码观看视频

d = {key1 : value1, key2 : value2, key3 : value3 }

3.4.1 字典操作符

（1）访问字典

字典的内容是键、值一一对应的，可通过键名访问对应的值。

1. #!/usr/bin/python3
2. dict = {'Name': 'Python', 'Age': 30, 'Class': 'First'}
3. print ("dict['Name']: ", dict['Name'])
4. print ("dict['Age']: ", dict['Age'])

以上示例输出结果：

dict['Name']: Python
dict['Age']: 30

（2）修改字典

Python字典的内容是可以修改、添加及删除的。修改字典已有键对应的值：

1. #!/usr/bin/python3
2. dict = {'Name': 'Python', 'Age': 7, 'Class': 'First'}
3. dict['Age'] = 8 # 更新 Age
4. print ("dict['Age']: ", dict['Age'])

以上示例输出结果：

dict['Age']: 8

在字典中添加新的键、值：

1. #!/usr/bin/python3
2. dict = {'Name': 'Python', 'Age': 7, 'Class': 'First'}
3. dict['School'] = "苏电院" # 增加键值对
4. print (dict)

以上示例输出结果：

{'Name': 'Python', 'Age': 7, 'Class': 'First', 'School': '苏电院'}

使用del字典名[键]可以删除字典中的一对键、值；使用clear语句可以将字典清空，使其变为空字典；使用del字典名则是将整个字典删除，即：

1. #!/usr/bin/python3
2. dict = {'Name': 'Runoob', 'Age': 7, 'Class': 'First'}
3. del dict['Name'] # 删除键 "Name"
4. dict.clear() # 清空字典
5. del dict # 删除字典
6. print ("dict['Age']: ", dict['Age'])
7. print ("dict['School']: ", dict['School'])

但这会引发一个异常，因为执行del操作后字典不再存在：

Traceback (most recent call last):
　File "test.py", line 9, in <module>
　　　print ("dict['Age']: ", dict['Age'])
TypeError: 'type' object is not subscriptable

因为del语句将字典完全删除，所以再次访问该字典时会报错。

（3）字典键的特性

字典的键必须是唯一的，如果定义字典时使用多个同样的键，则系统只记住最后一组键、值。

1. #!/usr/bin/python3
2. dict = {'Name': 'First', 'Age': 7, 'Name': 'Last'}
3. print ("dict['Name']: ", dict['Name'])

以上示例输出结果：

dict['Name']: Last

字典的值可以是任何数据类型，但是键必须是不可变的数据类型，如字符串、数字或者元组，不可以是列表。

```
1. #!/usr/bin/python3
2. dict = {['Name']: 'Runoob', 'Age': 7}
3. print ("dict['Name']: ", dict['Name'])
```

以上示例输出结果：

```
Traceback (most recent call last):
  File "test.py", line 3, in <module>
    dict = {['Name']: 'Runoob', 'Age': 7}
TypeError: unhashable type: 'list'
```

3.4.2 字典常用函数

Python字典包含下列内置函数：

1）len(dict)：计算字典元素个数，即键的总数。

```
>>> dict = {'Name': 'Lia', 'Age': 7, 'Class': 'First'}
>>> len(dict)
3
```

2）dict.keys()：返回字典中所有的键。

```
>>> dict = {'Name': 'Lia', 'Age': 7, 'Class': 'First'}
>>> dict.keys()
dict_keys(['Name', 'Age', 'Class'])
```

3）dict.values()：返回字典中所有的值。

```
>>> dict = {'Name': 'Lia', 'Age': 7, 'Class': 'First'}
>>> dict.values()
dict_values(['Lia', 7, 'First'])
```

4）dict1.update(dict2)：把字典dict2的键、值更新到字典dict1中。

```
>>> dict1 = {'Name': 'Lia', 'Age': 7, 'Class': 'First'}
>>> dict2 = {'Adress': 'js' }
>>> dict1.update(dict2)
>>> dict1
{'Name': 'Lia', 'Age': 7, 'Class': 'First', 'Adress': 'js'}
```

3.5 集合

Python的集合和其他语言类似，是一个无序不重复元素集，基本功能包括关系测试和消除重复元素。与列表、元组的不同在于，集合的元素是无序的，无法通过数字编号进行索引。

集合的创建方法是使用大括号（{}）或者set()函数。

```
parame = {value01,value02,...}
```

或者

```
set(value)
```

需要注意的是，创建一个空的集合必须使用set()函数而不能使用{}，因为{}表示创建一个空的字典。

（1）忽略重复元素

集合主要用于检查成员资格，因此重复元素是被忽略的。

```
>>> a = set('abracadabra')
>>> a
{'d', 'c', 'r', 'b', 'a'}
```

（2）无序

集合中的元素是无序的，测试代码及输出结果如下：

```
>>> a = set({1,2,4,5})
>>> a
{1, 2, 4, 5}
>>> a = set({5,4,2,1})
>>> a
{1, 2, 4, 5}
```

（3）常用操作

Python中的集合可以进行元素添加、删除、求交集、求并集、比较等多种操作。下面将在示例代码中展示一些集合的常用操作。

代码示例如下：

```
>>> basket = {'apple', 'orange', 'apple', 'pear', 'orange', 'banana'}
>>> print(basket)              # 这里演示的是去重功能
{'orange', 'banana', 'pear', 'apple'}
>>> 'orange' in basket         # 快速判断元素是否在集合内
True
>>> 'crabgrass' in basket
False

>>> # 下面展示两个集合间的运算
...
>>> a = set('abracadabra')
>>> b = set('alacazam')
>>> a
```

```
{'a', 'r', 'b', 'c', 'd'}
>>> a - b                  # 集合a中包含而集合b中不包含的元素
{'r', 'd', 'b'}
>>> a | b                  # 集合a或b中包含的所有元素
{'a', 'c', 'r', 'd', 'b', 'm', 'z', 'l'}
>>> a & b                  # 集合a和b中都包含了的元素
{'a', 'c'}
>>> a ^ b                  # 不同时包含于a和b的元素
{'r', 'd', 'b', 'm', 'z', 'l'}
```

集合内置方法及描述见表3-6。

表3-6 集合内置方法及描述

方法	描述
add()	为集合添加元素
clear()	移除集合中的所有元素
copy()	复制一个集合
difference()	返回多个集合的差集
difference_update()	移除集合中的元素，该元素在指定的集合也存在
discard()	删除集合中指定的元素
intersection()	返回两个或更多集合中都包含的元素，即交集
intersection_update()	在原始集合上移除不重叠的元素
isdisjoint()	判断两个集合是否包含相同的元素，如果没有则返回True，否则返回False
issubset()	判断指定集合是否为该方法参数集合的子集
issuperset()	判断该方法的参数集合是否为指定集合的子集
pop()	随机移除元素
remove()	移除指定元素
symmetric_difference()	返回两个集合中不重复的元素集合
symmetric_difference_update()	移除当前集合与另外一个指定集合中相同的元素，并将另外一个指定集合中不同的元素插入当前集合中
union()	返回两个集合的并集
update()	给集合添加元素

3.6 小结

本单元重点介绍了Python语言中重要的序列类型，包括字符串、列表、元组、字典以及集合，并介绍了序列的基本操作和常用方法，为后续项目中数据的分析和数据处理做好准备。

3.7 习题

一、单项选择题

1. 访问字符串中的部分字符的操作称为（　　）。

   A．分片　　　　　B．合并　　　　　C．索引　　　　　D．赋值

2. 下列关于字符串的描述错误的是（　　）。

   A．字符串s的首字符是s[0]

   B．在字符串中，同一个字母的大小写是等价的

   C．字符串中的字符都是以某种二进制编码的方式进行存储和处理的

   D．字符串也能进行关系比较操作

3. 设s="Python Programming"，那么print(s[-5:])的结果是（　　）。

   A．mming　　　　B．Python　　　　C．mmin　　　　D．Pytho

4. 将字符串中的全部字母转换为大写字母的字符串方法是（　　）。

   A．swapcase　　　B．capitalize　　　C．uppercase　　　D．upper

5. 下列Python数据中，其元素可以改变的是（　　）。

   A．列表　　　　　B．元组　　　　　C．字符串　　　　D．数组

6. 表达式"[2] in [1,2,3,4]"的值是（　　）。

   A．Yes　　　　　B．No　　　　　C．True　　　　　D．False

7. max((1,2,3)*2)的值是（　　）。

   A．3　　　　　　B．4　　　　　　C．5　　　　　　D．6

8. tuple(range(2,10,2))的返回结果是（　　）。

   A．[2,4,6,8]

   B．[2,4,6,8,10]

   C．(2,4,6,8)

   D．(2,4,6,8,10)

9. 下列程序执行后，p的值是（　　）。

```
a=[[1,2,3],[4,5,6],[7,8,9]]
p=1
for i in range(len(a)):
    p*=a[i][i]
```

   A．45　　　　　　B．15　　　　　　C．6　　　　　　D．28

10. 下列Python程序的运行结果是（　　）。

    s=[1,2,3,4]
    s.append([5,6])
    print(len(s))

    A. 2   B. 4   C. 5   D. 6

11. 对于字典D={'A':10, 'B':20, 'C':30, 'D':40}，len(D)的值是（　　）。

    A. 4   B. 8   C. 10   D. 12

二、填空题

1. "4"+"5"的值是_____。

2. 字符串s中最后一个字符的位置是_____。

3. 下面语句的执行结果是_____。

    s='A'
    print(3*s.split())

4. 序列元素的编号称为_____，它从_____开始，访问序列元素时将它用_____括起来。

5. 对于列表x，x.append(a)等价于_____（用insert()方法）。

6. 设有列表L=[1,2,3,4,5,6,7,8,9]，则L[2:4]的值是_____，L[::2]的值是_____，L[-1]的值是_____，L[-1:-1-len(L):-1]的值是_____。

7. 下列程序的运行结果是_____。

    s1=[1,2,3,4]
    s2=[5,6,7]
    print(len(s1+s2))

8. 下列语句执行后，s的值为_____。

    s=[1,2,3,4,5,6]
    s[:1]=[]
    s[:2]= 'a'
    s[2:]= 'b'
    s[2:3]=['x', 'y']
    del s[:1]

9. 在Python中，字典和集合都使用_____作为定界符。字典的每个元素都由两部分组成，即_____和_____，其中_____不允许重复。

10. 设a=set([1,2,2,3,3,3,4,4,4,4])，则sum(a)的值是_____。

11．语句print(len({}))的执行结果是_____。

三、问答题

1．什么是字符串？有哪些常用的字符编码方案？

2．数字字符和数字值（如'5'和5）有何不同？如何转换？

3．假设某部门入职8位员工，现有3个办公室均有足够的空余工位，如何编程实现随机为这8位员工分配办公室？

4．什么是空字典和空集合？如何创建？

5．字典的遍历有哪些方法？

单元 4

解读Python面向对象

学习目标

知识目标

- 了解面向对象编程的基本概念。
- 掌握如何定义类和创建对象,理解类的构造函数和实例变量。
- 掌握面向对象的三大特性:封装、继承和多态。
- 理解封装的概念及其重要性,掌握如何通过访问控制实现封装。
- 理解继承的概念及其实现,掌握单继承和多继承。
- 理解多态的概念,掌握不同形式的多态实现,如方法重载和方法覆盖。
- 掌握类方法、静态方法、实例方法的区别和用法。

能力目标

- 能够使用Python定义类和创建对象,编写面向对象的程序。
- 能够设计合理的类层次结构和继承关系,应用设计模式解决实际问题。
- 能够基于面向对象的思想设计和实现复杂的项目。

素质目标

- 遵循职业规范,理解代码可维护性、可读性和注释的重要性。
- 在项目开发和代码编写过程中,遵循编码规范,尊重知识产权和他人劳动成果。
- 关注编程技术和软件设计的最新发展,培养持续学习和自我提升的习惯。

在前面的单元中，实现程序复杂功能的方法是，通过多个函数分别实现不同的小功能，程序在执行过程中调用一系列的函数，然后顺序执行。这样的编程方式一般称为面向过程的程序设计。面向过程就是分析出解决问题所需要的步骤，然后用函数把这些步骤一步一步地实现，使用的时候一个一个地依次调用；面向对象是把构成问题事务分解成各个对象，建立对象的目的不是完成一个步骤，而是描述某个事物在整个解决问题的步骤中的行为。

4.1 面向对象的概念

面向对象编程（Object-Oriented Programming，OOP）是一种封装代码的方法。Python中的面向对象，有"一切皆对象"的说法。面向对象思维是从现实世界中客观存在的实物（即对象）出发来构造软件系统，并且在系统构造中尽可能运用人类的自然思维方式。

扫码观看视频

"万物皆对象"，对象是抽象概念，表示任意存在的事物。通常将对象划分为两个部分，即静态部分与动态部分。静态部分被称为"属性"，任何对象都具备自身属性，这些属性不但是客观存在的，而且是不能被忽视的，如人的性别。动态部分是对象的行为，即对象执行的动作，如人的行走。

类是封装对象的属性和行为的载体，反过来说，具有相同属性和行为的一类实体被称为类。在Python中，类是一种抽象概念，如定义一个大雁类（Geese），在该类中，可以定义每个对象共有的属性和方法，而一只要从北方飞往南方的大雁则是大雁类的一个对象，对象是类的实例。

面向对象程序设计具有三大基本特征：封装、继承、多态。封装是面向对象编程的核心思想。将对象的属性和行为封装起来的载体就是类，类通常对客户隐藏其实现细节，这就是封装思想。在Python中，继承是实现重复利用的重要手段，子类通过继承复用了父类的属性和行为的同时，又添加了子类特有的属性和行为。多态是将父类对象应用于子类的特征。

在面向过程程序设计中，程序员操作并完成一个个的任务：①打开冰箱门；②把大象装进去；③关上冰箱门。

在面向对象程序设计中，先把冰箱看成一个对象，对象自己完成3个动作：①冰箱门打开；②大象装进去；③冰箱门关上。

4.1.1 类的定义与使用

扫码观看视频

（1）类的定义

在Python中，类表示具有相同属性和方法的对象的集合。在使用类时，需要先定义类，

再创建类的实例。类的定义使用class关键字实现,语法如下:

```
class 类名( 父类 ):
    属性名 = 属性值
    def 方法名():
        方法体
```

定义一个冰箱类的代码如下:

```
1. class Fridge() :
2.     def open( self ) :
3.         print('打开冰箱门')
4.     def pack( self, goods):
5.         self. goods = goods
6.         print('将%s装进冰箱'%self.goods)
7.     def close(self) :
8.         print('关上冰箱门')
```

(2)创建对象

对象是类的实例化,类是对象的抽象,即创建对象的模板。创建类之后,需要通过创建对象来使用类,格式如下:

```
对象名 = 类名()
```

按上面的冰箱类来创建一个实际的冰箱对象,代码如下:

```
fridgel = Fridge()
```

4.1.2 属性和方法

(1)属性

属性用于描述事物的特征,如颜色、大小、数量等。属性可以分为类属性和对象属性。

类的属性存储了类的各种数据,定义位置有类的内部和方法的外部,由该类所有的对象共同拥有。类属性可以通过类名访问,也可以通过对象名访问,但只能通过类名修改。

对象属性是对象特征的描述,定义非常灵活,可在方法内部定义,也可在调用实例时添加。例如,给上面的冰箱类定义两个属性(冰箱编号、物品编号),再定义一个对象属性(物品名称),代码如下:

```
1. class Fridge():
2.     No=0                    #类属性:冰箱编号
3.     Num=0                   #类属性:物品编号
4.     def pack( self, goods) :
5.         self. Num += 1
6.         self. goods = goods  #对象属性:物品名称
```

（2）构造方法

在类的方法中有两种特殊方法，分别在类创建时和销毁时自动调用，即构造方法__init__()和析构方法__del__()。

使用类名()可以创建对象，但实际上，每次创建对象后，系统都会自动调用__init__()方法。每个类都有一个默认的构造方法，如果在自定义类时显示已经定义了，则创建对象时调用定义的__init__()方法。

__init__()方法的第一个参数是self，即代表对象本身，不需要显式传递实参。但是在创建类时传入的参数实际上都传递给了__init__()方法。代码如下：

```
1. class  Fridge() :
2.     No=0
3.     Num=0
4.     def __init__(self):                    #自定义构造方法
5.         Fridge.No += 1
```

（3）对象方法

对象方法是在类中定义的，以关键字self作为第一个参数。在对象方法中可以使用self关键字定义和访问对象属性，同时对象属性会覆盖类属性。

冰箱类中的开门、装物品、关门都是对象方法，代码如下：

```
1. class  Fridge() :
2.     No=0                                   #类属性：冰箱编号
3.     Num=0                                  #类属性：物品编号
4.     def __init__(self):
5.         Fridge. No += 1
6.     def open( self):                       #方法：开门
7.         print('打开%d号冰箱门' % self.No)
8.     def pack( self, goods) :               #方法：装货
9.         self. Num += 1
10.        self. goods = goods                #对象属性：物品名称
11.        print('在%d号冰箱装第%d个物品%s '%(self.No, self.Num, goods,))
12.    def close( self):                      #方法：关门
13.        print('关上%d号冰箱门' % self. No)
14.
15. fridge1 = Fridge()                        #创建对象冰箱1
16. fridge1.open( )
17. fridge1.pack('大象')                      #冰箱1装大象
18. fridge1.pack('小象')
19. fridge1.close()
```

运行结果如下：

打开1号冰箱门
在1号冰箱装第1个物品大象
在1号冰箱装第2个物品小象
关上1号冰箱门

4.1.3　访问限制

定义球员类（Player），包含名字（name）和年龄（age）两个属性，并定义和打印输出球员信息（printInfo）方法。创建一个球员的实际对象，通过构造方法对球员属性赋值，然后通过对象调用printInfo()的方法将球员的个人信息打印出来，即：

```
1. #!/usr/bin/ env python
2. class Player( object):
3.    def _ init (self, name, age):
4.         self. name = name
5.         self.age = age
6.    def printInfo( self) :
7.         print('name : %s, age :%d'%( self. name，self. age))
8. messi = Player('messi' ,30)
9. messi. printInfo( )
```

在以上的程序中，首先定义了一个球员的类，然后定义球员的实例（messi），通过构造方法对name和age属性赋值，最后通过调用printInfo()打印出messi的个人信息。

将代码进行修改，在类的内部定义name和age属性，再创建messi实例，通过实例访问name和age属性并对其进行修改，最后通过调用类的方法printInfo()打印出messi的姓名和年龄信息。代码如下：

```
1. class Player():
2.    name = ''
3.    age = 0
4.    def printInfo( self) :
5.         print('name : %s, age :%d'%( self.name,self.age))
6. messi = Player()
7. messi.name = "messi"
8. messi.age = 30
9. messi. printInfo()
```

此时，name和age的属性是公有的，可以从外部进行访问和修改。在开发过程中，经常会遇到不想让对象的某些属性被外界访问和随意修改的情况，这时可将这些属性定义为私有属性。私有属性的定义以"__"开头，将以上代码修改为如下形式：

```
1. class Player():
2.     __name = ''
3.     __age = 0
4.     def printInfo( self ):
5.         print('name : %s，age :%d'%( self.__name,self.__age))
6. messi = Player()
7. messi.__name = "messi"
8. messi.__age = 30
9. messi. printInfo()
```

程序执行结果为：

```
name : , age :0
```

运行结果表明，通过外部代码对私有变量的修改并未成功，证明了私有变量无法从外部访问。想要修改类的私有变量，可以在类的内部实现一个设置私有变量的方法setPlayer()，即为私有属性添加一个公有方法，用于私有属性的操作。这样，外部代码可通过该方法实现对私有变量的修改，即：

```
1. class Player():
2.     __name = ''
3.     __age =0
4.     def setPlayer( self, name ,age) :
5.         self.__name = name
6.         self.__age = age
7.     def printInfo(self) :
8.         print('name:%s, age:%d'%( self.__name ,self.__age))
9. messi = Player( )
10. messi. setPlayer('messi' ,30)
11. messi. printInfo( )
```

执行程序，得到预期的结果：name:messi，age:30。

同样，可以在类的方法名前面添加双下画线__的方式将其设置为私有方法，私有方法也无法被外部代码访问，即：

```
1. class Player():
2.     __name = ''
3.     __age =0
4.     def setPlayer( self, name ,age) :
5.         self.__name = name
6.         self.__age = age
7.     def __printInfo(self) :
8.         print('name:%s, age:%d'%( self.__name ,self.__age))
9. messi = Player( )
```

10. messi. setPlayer('messi' ,30)
11. messi.__printInfo( )

因为私有方法无法被外部代码访问，所以执行该程序时会报错，即：

AttributeError: 'Player' object has no attribute '__printInfo'

4.2　继承与多态

4.2.1　继承

继承描述类与类之间的关系，如果要编写的类是另一个现成类的特殊版本，则可以不重写类，而对原有类的功能进行扩展。例如冰箱类，有容量、颜色、功耗等属性，有开门、装东西、关门、制冷等行为。各品牌的冰箱除拥有这些功能外，又有各自的型号、特点等。再例如学生类，有学号、姓名、性别、年龄等属性，有上课、学习、活动等方法。大学生则又可以增加如学院、专业、选修、社团、实习等新属性和方法。球员类有姓名、年龄属性，前锋球员类同样具有球员姓名和年龄属性。要实现的特殊类需要重新写一遍与原有类几乎一样的代码吗？答案是否定的。面向对象编程提供继承的机制。

扫码观看视频

扫码观看视频

同一类的事物之间存在着各种关系，这种从属关系被称为继承。所有小学生都是学生，但不是所有的学生都是小学生。所有前锋球员都是球员，同样，不是所有的球员都是前锋球员。从高层级到低层级是一个由抽象到具体的过程，从低层级到高层级是一个由具体到抽象的过程。

一个类可以继承自另一个类，并自动拥有另一个类的属性和方法，还可以添加自己新的特性和方法。继承类称为子类，被继承的类称为父类或超类。子类定义格式如下：

class 子类名（父类名）：

创建一个新的类：CF类（前锋球员）。继承Player类（球员），Player是CF的父类，代码如下：

1. class Player():
2. 　　name = ''
3. 　　age=0
4. 　　def printInfo(self):
5. 　　　　print(' name : %s，age：%d' % (self. name,self. age))
6. class CF(Player):
7. 　　pass
8. messi = CF()
9. messi.name = 'messi'
10. messi.age = 30
11. messi.printInfo()

执行以上程序，运行结果为：

name：messi, age: 30

从以上程序可以看出，CF类里面什么也没有做，却拥有Player类的所有特性，包含变量和方法。子类继承父类，就拥有父类的全部功能。此外，还可以在继承的基础上增加自己的属性和方法。比如增加属性goalNum（进球数量），子类修改为：

```
1. class Player():
2.     name = ''
3.     age=0
4.     def printInfo( self):
5.         print(' name：%s, age：%d' % ( self. name,self. age))
6. class CF( Player):
7.     goalNum = 0
8.     def printInfo( self):
9.         print(' name：%s, age：%d ,goalNum：%d'% ( self. name,self. age,self.goalNum))
10. messi = CF()
11. messi.name = 'messi'
12. messi.age = 30
13. messi.goalNum = 100
14. messi.printInfo()
```

执行以上程序，运行结果为：

name：messi, age：30 ,goalNum：100

CF类有新的属性goalNum之后，显然再次通过父类printInfo()的方法打印个人信息是不满足条件的，因此需要对printInfo()方法进行重写，将goal信息也打印出来。这种子类对父类提供的属性和方法进行修改被称为重写。如果子类重新定义了父类方法后，还需要访问父类的同名方法，则可以使用super关键字访问父类构造方法，代码如下：

```
1. class Player():
2.     name = ''
3.     age=0
4.     def __init__(self,name,age):          #父类构造方法
5.         self.name = name
6.         self.age = age
7.     def printInfo( self):
8.         print('name：%s，age：%d' % ( self. name,self. age))
9. class CF( Player):
10.     goalNum = 0
11.     def __init__(self,name,age,goalNum):  #子类构造方法
12.         super().__init__(name,age)        #使用super调用父类的构造方法
13.         self.goalNum = goalNum
```

```
14.    def printInfo( self):
15.        super().printInfo()              #使用super调用父类的方法
16.        print('goalNum：%d'% ( self.goalNum))
17. messi = CF("messi",30,100)
18. messi.printInfo()
```

子类能自动拥有父类其他的属性和方法，也可以重写父类的方法。但是子类不能继承父类的私有属性和方法。

4.2.2 多态

多态是指不同的对象收到同一种消息时产生不同的行为。在Python中，消息是指函数的调用，不同的行为是指执行不同的函数。

扫码观看视频

下面介绍一个多态的示例。

```
1. class Animal (object) :                  #定义一个父类Animal
2.    def __init__ (self，name):            #初始化父类属性
3.        self.name = name
4.    def talk(self) :                      #定义父类方法，抽象方法，由具体而定
5.        pass
6. class Cat (Animal) :                     #定义一个子类，继承父类Animal
7.    def talk(self) :                      #继承重构类方法
8.        print('%s:喵!喵!喵! ' % self.name)
9. class Dog (Animal) :                     #定义一个子类，继承父类Animal
10.    def talk(self) :                     #继承重构类方法
11.        print('%s:汪!汪!汪! ' % self.name)
12. def func(obj) :                         #一个接口，多种形态
13.    obj.talk()
14.                                         #实例化对象
15. c1 = Cat('Tom' )
16. d1 = Dog('wangcai' )
17. func(c1)
18. func(d1)
```

程序运行结果为：

Tom:喵!喵!喵!
wangcai:汪!汪!汪!

在上面的程序中，Animal类和两个子类中都有talk()方法，虽然同名，但是在每个类中调用的函数是不一样的。当调用该方法时，所得结果取决于不同的对象。同样的信息在不同的对象下所得的结果不同，这就是多态的体现。

4.3 小结

本单元主要介绍了Python面向对象的相关知识点，阐述了什么是面向对象，什么是类和对象，以及类的声明、对象的创建等相关语法和注意事项，还介绍了类的属性和方法，明确了面向对象封装的意义。另外，讲述了类的继承和继承机制，总结了多态的实现方式等。

4.4 习题

一、单项选择题

1. 下列说法中不正确的是（　　）。

    A．类是对象的模板，而对象是类的实例

    B．实例属性名如果以__开头，就变成了一个私有变量

    C．只有在类的内部才可以访问类的私有变量，外部不能访问

    D．在Python中，一个子类只能有一个父类

2. 下列选项中不是面向对象程序设计基本特征的是（　　）。

    A．继承　　　　　　B．多态　　　　　　C．可维护性　　　　D．封装

3. 在方法定义中，访问实例属性x的格式是（　　）。

    A．x　　　　　　　B．self.x　　　　　C．self[x]　　　　　D．self.getx()

4. 下列程序的执行结果是（　　）。

```
class Point:
    x=10
    y=10
    def __init__(self,x,y):
        self.x=x
        self.y=y
pt=Point(20,20)
print(pt.x,pt.y)
```

A. 10 20　　　　B. 20 10　　　　C. 10 10　　　　D. 20 20

5．下列程序的执行结果是（　　）。

```
class C():
    f=10
class C1(C):
    pass
print(C.f,C1.f)
```

A. 10 10　　　　B. 10 pass　　　　C. pass 10　　　　D. 运行出错

二、填空题

1．面向对象程序设计的三大特性，包括_____、_____、_____。

2．在Python中，定义类的关键字是_____。

3．类的定义如下：

```
class person:
    name='Liming'
    score=90
```

该类的类名是_____，其中定义了_____属性和_____属性，它们都是_____属性。如果在属性名前加两个下画线（__），则属性是_____属性。将该类实例化创建对象p，使用的语句为_____，通过p来访问属性，格式为_____、_____。

4．可以从现有的类来定义新的类，这称为类的_____，新的类称为_____，而原来的类称为_____、父类或超类。

5．创建对象后，可以使用_____运算符来调用其成员。

6．下列程序的运行结果为_____。

```
class parent:
    def __init__(self,param):
        self.v1=param
class child(parent):
    def __init__(self,param):
        parent.__init__(self,param)
        self.v2=param
obj=child(100)
print(obj.v1,obj.v2)
```

7．下列程序的运行结果为_____。

```
class account:
    def __init__(self,id,balance):
        self.id=id
        self.balance=balance
    def deposit(self,amount):
        self.balance+=amount
    def withdraw(self,amount):
        self.balance-=amount
acc1=account('1234',100)
acc1.deposit(500)
acc1.withdraw(200)
print(acc1.balance)
```

三、问答题

1. 什么称为类？什么称为对象？它们有何关系？
2. 在Python中如何定义类与对象？
3. 类的属性有哪几种？如何访问它们？
4. 什么是多态？在Python中如何体现？

单元 ⑤

走进MicroPython新世界

学习目标

知识目标

- 了解MicroPython的基本概念、特点和应用场景。
- 理解MicroPython与标准Python之间的异同。
- 熟悉MicroPython开发环境的搭建,包括硬件选择、固件烧录和开发工具的使用。
- 掌握MicroPython的基本语法规则和常用标准库。
- 理解MicroPython与标准Python的兼容性及差异。
- 了解MicroPython对硬件的支持,掌握基本的I/O操作。
- 理解如何通过MicroPython与传感器和外设进行通信。

能力目标

- 能够在MicroPython环境中编写、调试和运行基本的程序。
- 能够使用MicroPython提供的调试工具和方法进行代码调试和问题排查。
- 掌握常见的错误类型及其解决方案,培养独立解决问题的能力。

素质目标

- 结合MicroPython的特点进行创新项目设计,培养创新思维和动手能力。
- 在实际开发过程中遵守职业道德,如代码规范、版权和隐私保护等。
- 关注MicroPython及相关技术的发展,培养持续学习和自我提升的习惯。

5.1 MicroPython简介

MicroPython即Python for Microcontroller，意为运行在单片机上的Python，由剑桥大学理论物理学家Damien George设计。Damien除了研究物理之外，还是一名计算机工程师。Damien George提出了一个想法：能否用Python语言控制单片机来实现对机器人的操控呢？Python是一款比较容易上手的脚本语言，有强大的社区支持，在一些非计算机专业领域都选它作为入门语言。遗憾的是，Python还不能实现一些非常底层的操控，所以在硬件领域很少使用。Damien George为了突破这种限制，打造出MicroPython。MicroPython基于ANSIC，语法与Python 3基本一致，拥有自己的解析器、编译器、虚拟机和类库等。借助MicroPython，用户完全可以通过Python语言实现硬件底层的访问和控制，如控制LED灯泡、LCD显示器、读取电压、控制电动机、访问SD卡等。

扫码观看视频

MicroPython是Python 3语言的精简高效实现，包括Python标准库的一小部分，经过优化可在微控制器和受限环境中运行。MicroPython包含了诸如交互式提示、任意精度整数、关闭、列表解析、生成器、异常处理等高级功能。MicroPython足够精简，适合运行在只有256KB的代码空间和16KB的RAM的芯片上。其主要特点在以下几个方面有明显的呈现。

（1）定位的场景

MicroPython最初在设计上就是为了嵌入式微处理器运行，例如在nRF51822（256KB Flash+16KB RAM）的芯片上也可以运行起来。从代码上来看，Python函数栈的官方默认是16KB RAM，也就意味着它可以在许多微芯片上提供一个最小的Python代码交互环境，但这并不包含拓展功能，因为编译更多的功能代码意味着需要更多的Flash或外部存储。

根据定位的场景可以看到，MicroPython可以应用在超低功耗芯片开发领域。而采用Python语言的开发方式带来了许多改变，如改变以往的硬件测试流程和开发流程，改变一贯认为的硬件程序开发困难的刻板印象。

（2）自动缩进

当输入以冒号（如if、for、while）结尾的Python语句时，提示符将变为3个点（…），光标将缩进4个空格。当按<Enter>键时，下一行将继续在正常语句缩进的同一级别，或在适当的情况下继续添加缩进级别。若按<Backspace>键，则将撤销一个缩进级别。

以下演示了在输入for语句后将看到的（下画线显示光标的位置）：

```
>>> for i in range(30):
...      _
```

若输入if语句,则将提供额外的缩进级别:

```
>>> for i in range(30):
...     if i > 3:
...         _
```

现在输入break,然后按<Enter>键,再按<Backspace>键:

```
>>> for i in range(30):
...     if i > 3:
...         break
...     _
```

最后,输入print(i),依次按<Enter>键、按<Backspace>键和<Enter>键:

```
>>> for i in range(30):
...     if i > 3:
...         break
...     print(i)
...
0
1
2
3
>>>
```

若前两行都为空格,则不会应用自动缩进。这意味着可以通过按两次返回键来完成复合语句的输入,然后通过第三次按键结束并执行。

(3)自动完成

当在REPL(Read-Eval-Print-Loop,交互式解释器模式)中输入指令时,如果输入的行对应某物名称的开头,按<Tab>键将显示用户可能输入的内容。首先通过输入import machine并按<Enter>键来导入机器模块。输入m并按<Tab>键,则其将扩展为machine。输入一个点(.)并按<Tab>键,将看到如下信息:

```
>>> machine.
__name__         info          unique_id        reset
bootloader       freq          rng              idle
sleep            deepsleep     disable_irq      enable_irq
Pin
```

该词将尽可能扩展,直至出现多种可能性。例如:输入machine.Pin.AF3并按<Tab>键,则其将扩展为machine.Pin.AF3_TIM。长按<Tab>键1s,则显示可能的扩展:

```
>>> machine.Pin.AF3_TIM
AF3_TIM10      AF3_TIM11      AF3_TIM8       AF3_TIM9
>>> machine.Pin.AF3_TIM
```

（4）中断一个运行程序

可通过按<Ctrl+C>组合键来中断一个运行程序。这将引发键盘中断，从而返回REPL，前提是程序不会阻截键盘中断故障。例如：

```
>>> for i in range(1000000):
...     print(i)
...
0
1
2
3
...
6466
6467
6468
Traceback (most recent call last):
  File "<stdin>", line 2, in <module>
KeyboardInterrupt:
>>>
```

（5）粘贴模式

若想将某些代码粘贴到用户的终端窗口中，那么自动缩进特性将会成为障碍。例如，若有以下Python代码：

```
def foo():
    print('This is a test to show paste mode')
    print('Here is a second line')
foo()
```

试图将此代码粘贴到常规REPL中，那么将会看到以下内容：

```
>>> def foo():
...         print('This is a test to show paste mode')
...             print('Here is a second line')
...         foo()
...
  File "<stdin>", line 3
IndentationError: unexpected indent
```

若按<Ctrl+E>组合键，则将进入粘贴模式，即关闭自动缩进特性，并将提示符从>>>更改为===。例如：

```
>>>
paste mode; Ctrl-C to cancel, Ctrl-D to finish
=== def foo():
```

```
===     print('This is a test to show paste mode')
===     print('Here is a second line')
=== foo()
===
This is a test to show paste mode
Here is a second line
>>>
```

粘贴模式允许粘贴空白行，将被粘贴文本作为文件编译。按<Ctrl+D>组合键退出粘贴模式，并启动编译。

（6）软复位

软复位将重置Python的解释器，但不会重置连接到MicroPython板的方法（USB-串口或WiFi）。

用户可按<Ctrl+D>组合键从REPL进行软复位，或从Python代码中执行：

```
machine.soft_reset()
```

例如，若重置MicroPython，并执行dir()指令，则将看到如下内容：

```
>>> dir()
['__name__', 'pyb']
```

现在创建一些变量，并重复dir()指令：

```
>>> i = 1
>>> j = 23
>>> x = 'abc'
>>> dir()
['j', 'x', '__name__', 'pyb', 'i']
>>>
```

若按<Ctrl+D>组合键，并重复dir()指令，则将发现变量不复存在：

```
MPY: sync filesystems
MPY: soft reboot
MicroPython v1.5-51-g6f70283-dirty on 2015-10-30; PYBv1.0 with STM32F405RG
Type "help()" for more information.
>>> dir()
['__name__', 'pyb']
>>>
```

（7）特殊变量_（下画线）

使用REPL时，进行计算并得到结果。MicroPython将之前语句的结果存储到变量_（下画线）中。可使用下画线将结果存储到变量中。例如：

```
>>> 1 + 2 + 3 + 4 + 5
15
>>> x = _
>>> x
15
>>>
```

（8）原始模式

原始模式并非用于日常使用，而是用于编程。其运行类似于关闭回应的粘贴模式。按<Ctrl+A>组合键进入原始模式。发送Python代码，然后按<Ctrl+D>组合键。按<Ctrl+D>组合键将识别为"确定"，然后编译并执行Python代码。所有输出（或故障）都会发送回去。按<Ctrl+B>组合键将会退出原始模式，并返回常规（又称友好型）REPL。

tools/pyboard.py程序使用原始REPL来在MicroPython板上执行Python文件。

5.2　OpenMV IDE环境安装

OpenMV采用高级语言Python脚本（准确地说是MicroPython）进行编写，而不是用C/C++，当然，OpenMV也有自己的编译平台，即OpenMV IDE，使用语言为MicroPython。读者可以根据各自的环境下载安装包，IDE可支持多个平台，具体包含Windows版本、Mac OS版本、树莓派版本、Ubuntu64和Ubuntu32。本书以Windows版本为例讲解IDE的安装过程。

扫码观看视频

1）下载IDE。下载地址为https://singtown.com/openmv-download/，找到适合自己的版本后下载。下载成功后，本地文件中多了一个可执行文件。

2）双击可执行文件，进入安装界面。单击"下一步"按钮开始安装。OpenMV IDE安装界面如图5-1所示。

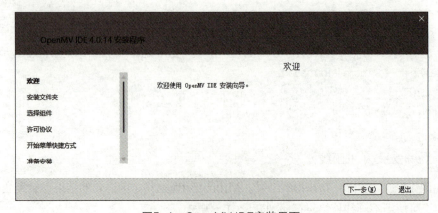

图5-1　OpenMV IDE安装界面

3）进入安装文件界面，可以修改安装路径，单击"下一步"按钮，如图5-2所示。

图5-2　OpenMV IDE安装文件界面

4）进入许可协议界面，勾选"我接受此许可"复选框，单击"下一步"按钮，如图5-3所示。

图5-3　OpenMV IDE许可协议界面

5）进入快捷菜单创建界面，不做修改，单击"下一步"按钮，如图5-4所示。

图5-4　OpenMV IDE快捷菜单创建界面

6）进入准备安装界面，单击"安装"按钮，如图5-5所示。

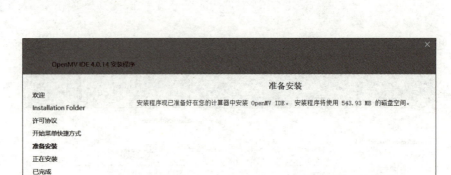

图5-5　OpenMV IDE准备安装界面

7）进入正在安装界面，开始安装，如图5-6所示。

图5-6　OpenMV IDE正在安装界面

8）安装过程中，Windows安全中心进行风险检测，勾选界面中的复选框，始终信任该软件，单击"安装"按钮后继续安装，如图5-7所示。

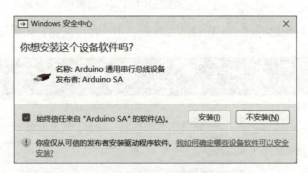

图5-7　"Windows安全中心"对话框

9）如图5-8所示，进入安装完成向导界面，"Launch OpenMV IDE"复选框默认勾选，单击"完成"按钮进入IDE的启动界面。

10）加载IDE启动界面，等待启动成功，如图5-9所示。

11）IDE启动成功，进入OpenMV IDE编辑器程序操作界面，如图5-10所示。

图5-8 OpenMV IDE安装完成向导界面

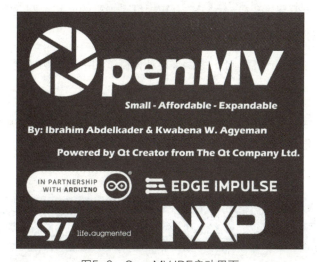

图5-9 OpenMV IDE启动界面

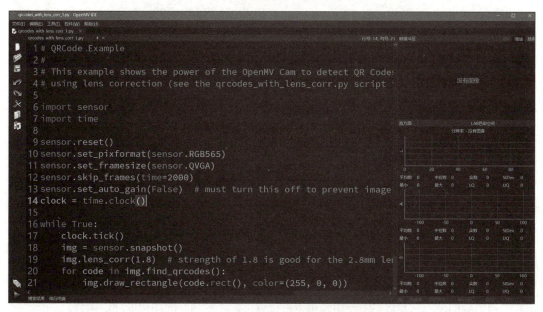

图5-10 OpenMV IDE编辑器程序操作界面

OpenMV IDE是一个为OpenMV开发板设计的集成开发环境,它提供了丰富的工具和功能,可帮助开发者轻松地创建和调试OpenMV应用程序。

OpenMV IDE具有如下特点:

1)支持多种编程语言:OpenMV IDE支持Python和C语言编程,使得开发者可以根据需求选择最适合的编程语言。

2)图形化界面:OpenMV IDE使用图形化界面,使得用户可以快速、直观地创建和管理项目。

3)丰富的库和示例程序:OpenMV IDE提供了丰富的库和示例程序,包括图像处理、机器学习、传感器控制等,可帮助开发者快速入手。

4)自动化调试:OpenMV IDE提供了自动化调试和错误检测功能,可帮助开发者快速定位和解决问题。

5)兼容多种平台:OpenMV IDE可以在Windows、Mac OS和Linux等多个平台上运行,方便不同开发者使用。

5.3 OpenMV Cam特点

OpenMV Cam是一个非常易用和低价的机器视觉开发组件,可通过编程调用图像处理的算法来进行开发。有很多机器视觉方面的应用,比如自动追踪小球的小车、自动追踪人脸的四旋翼飞行器等。OpenMV的镜头是M12通用的镜头,可在不同的场景应用不同的镜头。标配镜头视角大概为120°,长焦镜头为30°,广角为185°,无畸变镜头为90°。标配镜头焦距为2.8mm,长焦为12mm,广角为1.7mm,无畸变镜头为3.6mm。OpenMV Cam视觉模组如图5-11所示。

它有很多功能,内置了非常多的算法,如滤波、颜色追踪、AptilTag、二维码、条形码、人脸识别、人眼追踪(瞳孔识别)、直线识别、图形识别、模板匹配、特征点追踪、边缘检测等。

它的主控芯片是性能非常强大的STM32F7,主频有216MHz、2MB Flash。在色块追踪上,帧率可以到达85~90帧,速度非常快。它的感光元件是OV7725,分辨率为640×480像素。最重要的是,它非常易于使用,可以直接调用已经封装好的图像处理的函数。

图5-11　OpenMV Cam视觉模组

OpenMV Cam内置了MicroPython解释器，所以可以直接用Python编程。用户可以用Python特性编写自己所有的逻辑，比如字符串的方法，还可以调用Python的很多库，比如json、正则、struct、socket。OpenMV模组可以通过额外的ttl-rs232或者ttl-rs485模块和PLC通信。它还有一个非常强大的IDE，内置了很多例子和工具。OpenMV阈值编译器如图5-12所示。

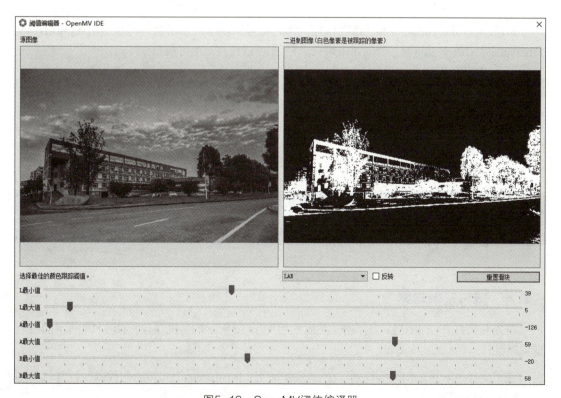

图5-12　OpenMV阈值编译器

此外，OpenMV Cam的接口是可叠加的，可以用LCD来显示，可以安装WiFi来无线传输视频，OpenMV的WiFi扩展板采用atwinc1500，传输速率高达48Mbit/s。直接在浏览器中输入网址，即可实时查看摄像头图像。SD卡可以用来保存图片，录制视频。或者在调用模板匹配算法的时候，使用SD卡存储的图片就会进行匹配识别。其具体的操作和注意事项有以下几个方面。

（1）文件系统和SD卡

在OpenMV Cam中有一个小型内部文件系统（驱动器），存储在单片机的闪存中。OpenMV Cam启动时，需选择一个文件系统来引导。若无SD卡，则使用内部文件系统作为引导文件系统，否则将使用SD卡。启动后，当前库则被设置为（/sd）。

引导文件系统的用处有二：其一，boot.py和main.py文件从该系统中搜索；其二，在PC端，该系统可通过USB接口线使用。在PC端，该文件系统可作为一个USB闪存驱动器使用。用户可以将文件保存到该驱动器，并编辑boot.py和main.py。

（2）启动模式

接通电源时，若由USB供电，那么OpenMV Cam将运行一个引导程序，用时约3s，从而使得OpenMV IDE可在不使用DFU的情况下更新固件。3s后，引导加载程序将退出，然后运行boot.py，允许在执行main.py之前更改USB模式。如果未使用USB供电，则将立即运行boot.py和main.py。

（3）LED闪灯错误

如果RGB LED的所有颜色都在快速闪烁，则是出现了严重错误，可通过刷新OpenMV Cam的固件来解决该问题。若问题未解决，则OpenMV Cam可能已损坏。

（4）OpenMV Cam模块注意事项

首先，模块启动时不要拔线，特别是红灯亮时不要拔线，此时拔线容易造成固件损坏；其次，刷上固件后，也不要马上拔线；最后，模块的启动要根据指示灯做出判断，等模块启动完，蓝灯间歇闪动时表示启动完毕。

5.4　OpenMV Cam程序测试

5.4.1　运行示例程序

首先双击打开OpenMV编译器，然后使用图5-13所示的数据线连接图5-14所示的机器视觉模组。

在"文件"→"示例"中找到"qrcodes_with_lens_corr.py"示例代码，打开代码例程，如图5-15所示。

单击"连接设备"按钮，如图5-16所示。

图5-13 数据线

图5-14 机器视觉模组

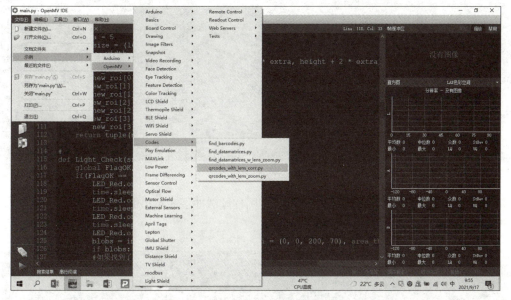

图5-15 查找二维码识别例程

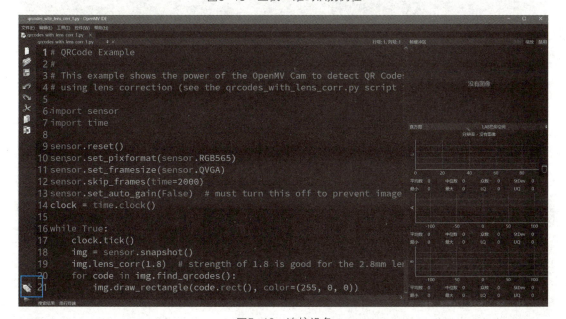

图5-16 连接设备

单击"运行"按钮,如图5-17所示。

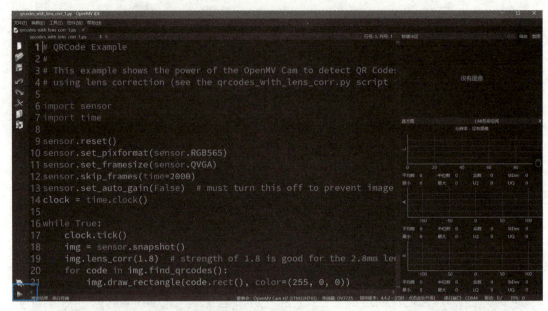

图5-17 运行示例

程序在机器视觉模组摄像头设备上运行,图片帧缓冲区显示摄像头拍摄信息,如图5-18所示。

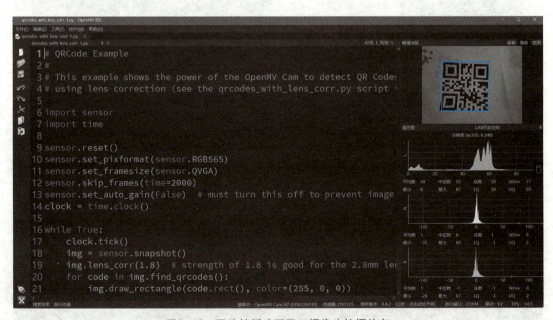

图5-18 图片帧缓冲区显示摄像头拍摄信息

5.4.2 机器视觉模组程序烧写

将机器视觉模组摄像头连接计算机,发现可移动磁盘,将源代码文件复制到可移动磁盘内即可，如图5-19所示。注意：文件名必须为main.py，这样即完成了程序的烧写。

图5-19　摄像头模组连接计算机并复制文件

对于AGV机器视觉模组摄像头的安装，可以通过排线连接机器视觉模组摄像头及连接AGV（小车）核心板机器视觉模组接口。摄像头模组连接AGV小车如图5-20所示。

安装效果如图5-21所示。

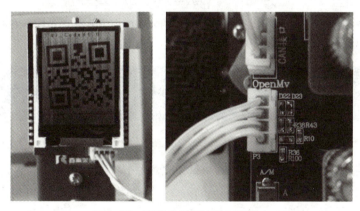

图5-20　摄像头模组连接AGV小车

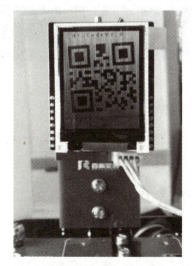

图5-21　AGV小车安装摄像头模组的效果

5.4.3　机器视觉模组调节焦距

若摄像头图像出现模糊、不清晰的情况，则可以调节摄像头焦距。OpenMV摄像头模组调节焦距如图5-22所示。

图5-22 OpenMV摄像头模组调节焦距

注：图5-22中用方框标出的部位为固定螺钉，在调节摄像头焦距时需要取下，待调节完成再固定。

5.5 小结

本单元重点介绍了MicroPython的特点和OpenMV Cam的特点，从OpenMV Cam示例入门，详细介绍了OpenMV视觉模组的特点、驱动安装、IED下载、示例调试步骤。

5.6 习题

1. 你知道OpenMV的特点吗？
2. OpenMV IDE有几种色彩空间？如何查看图片不同色彩空间的阈值？
3. 你能找到OpenMV IDE示例程序的路径吗？
4. 尝试阅读OpenMV示例程序并运行，观察运行效果。

单元 ❻

Python二维码识别

学习目标

知识目标

- 理解二维码的概念、类别、结构和应用场景。
- 了解二维码的生成原理和数据编码方式。
- 熟悉常用的二维码处理库,如myqr、pyzbar等。
- 了解MicroPython语法下的二维码识别例程。
- 掌握find_qrcodes()函数的参数及返回值特点。

能力目标

- 能够使用Python生成各种类型和内容的二维码。
- 学习如何自定义二维码的大小、颜色、边框等属性。
- 掌握二维码识别的基本流程,能够使用Python读取和解码二维码。
- 学会如何处理不同格式的二维码图像(如静态图像、视频帧等)。
- 能够开发基于Python的综合应用,如二维码生成和识别工具等。

素质目标

- 通过团队项目和合作开发,提升团队协作能力和沟通技巧。
- 关注二维码技术和图像处理领域的最新发展,培养持续学习和自我提升的习惯。
- 能够延伸阅读和学习资源,如官方文档、社区论坛和开源项目等。

本单元主要介绍二维码的基本原理、Python常用的二维码制作与识别的库及编程实现方法；使用OpenMV摄像头采集二维码图像，使用MiroPython识别二维码例程等。引入全国职业技能竞赛赛项任务，采用OpenMV摄像头实现《嵌入式技术开发应用赛项》中的赛项任务：二维码识别与数据处理。

6.1 二维码码制原理

6.1.1 二维码原理

二维码是指在一维码的基础上扩展出另一维具有可读性的条码，使用黑白矩形图案表示二进制数据，被设备扫描后可获取其中所包含的信息。一维码的宽度记载着数据，而其长度没有记载数据。二维码的长度、宽度均记载着数据。二维码有一维码没有的"定位点"和"容错机制"。容错机制是指在即使没有辨识到全部的条码时，或者条码有污损时，也可以正确地还原条码上的信息。二维条码的种类很多，不同的机构开发出的二维条码具有不同的结构以及编写、读取方法。

扫码观看视频

矩阵式二维码，最流行的莫过于QR CODE，二维码的名称是相对于一维码来说的，比如以前的条形码就是"一维码"。二维码的优点有：二维码存储的数据量更大；可以包含数字、字符、中文文本等内容；有一定的容错性（在部分损坏以后可以正常读取）；空间利用率高等。

6.1.2 二维码编码过程

（1）数据分析

确定编码的字符类型，按相应的字符集转换成符号字符；选择纠错等级，在规格一定的条件下，纠错等级越高，其真实数据的容量越小。

（2）数据编码

将数据字符转换为位流，每8位一个码字，整体构成一个数据的码字序列。其实，知道了这个数据码字序列，就知道了二维码的数据内容。二维码模式及指示符见表6-1。

表6-1 二维码模式及指示符

模　　式	指　示　符
ECI	0011
数字	0001
字母数字	0010
8位字节	0100
日本汉字	1000
中国汉字	1101
结构链接	0011
FNCI	0101（第一位置）1001（第二位置）
终止符（信息结尾）	0000

下面用一个案例来说明二维码的编码过程，这里以对数据01234567编码为例。

1）分组：012 345 67。

2）转成二进制：012→0000001100　345→0101011001　67→1000011。

3）转成序列：0000001100 0101011001 1000011。

4）字符数转成二进制：8→0000001000。

5）加入模式指示符0001：0001 0000001000 0000001100 0101011001 1000011。

对于字母、中文、日文等，只是分组的方式、模式等内容有所区别，数据编码的基本方法是一致的。二维码虽然比一维码具有更强大的信息记载能力，但是也有容量限制的，见表6-2。

表6-2　QR资料容量

类　　型	容　　量
数字	最多7089字符
字母	最多4296字符
二进制数（8bit）	最多2953字符
日文汉字/片假名	最多1817字符（采用Shift JIS）
中文汉字	最多984字符（采用UTF-8）
中文汉字	最多1800字符（采用BIG5）

（3）纠错编码

按需要将上面的码字序列分块，并根据纠错等级和分块产生纠错码字，并把纠错码字加入数据码字序列后面，成为一个新的序列。在二维码规格和纠错等级确定的情况下，它所能容纳的码字总数和纠错码字数也就确定了，比如版本10，纠错等级是H时，总共能容纳346个码字，其中有224个纠错码字。也就是说，二维码区域中大约1/3的码字是冗余的。对于这224个纠错码字，它能够纠正112个替代错误（如黑白颠倒）或者224个句读错误（无法读到或者无法译码），这样纠错容量为112/346=32.4%。

（4）构造最终数据信息

在规格确定的条件下，将上面产生的序列按次序放入分块中，按规定把数据分块，然后对每一块进行计算，得出相应的纠错码字区块。把纠错码字区块按顺序构成一个序列，添加到原先的数据码字序列后面，如D1、D12、D23、D35、D2、D13、D24、D36、D11、D22、D33、D45、D34、D46、E1、E23、E45、E67、E2、E24、E46、E68等。

（5）构造矩阵

在构造矩阵之前，先来了解一个普通二维码的基本结构，如图6-1所示。

位置探测图形、位置探测图形分隔符、定位图形：用于对二维码的定位，对每个QR码来说，位置都是固定存在的，只是大小规格会有所差异。

校正图形：规格确定，校正图形的数量和位置也就确定了。

格式信息：表示该二维码的纠错级别，分为L、M、Q、H。

版本信息：即二维码的规格，QR码符号共有40种规格的矩阵（一般为黑白色），从21×21（版本1）到177×177（版本40），每一个版本符号都比前一个版本的每边增加4个模块。

数据和纠错码字：实际保存的二维码信息和纠错码字（用于修正二维码损坏带来的错误）。

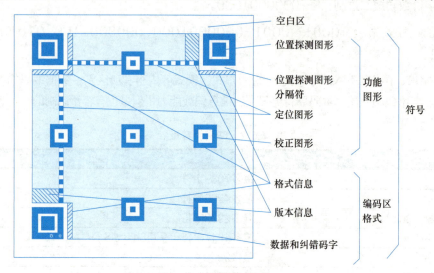

图6-1　二维码基本结构

了解了二维码的基本结构后，将位置探测图形、位置探测图形分隔符、定位图形、校正图形和码字模块放入矩阵中，并把上面的完整序列填充到相应规格的二维码矩阵的区域中，如图6-2所示。

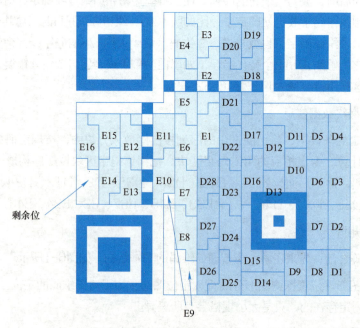

图6-2　二维码矩阵区域

（6）掩膜

将掩膜图形用于符号的编码区域，使得二维码图形中的深色和浅色（黑色和白色）区域能够最优分布。

（7）格式和版本信息

将生成格式和版本信息放入相应区域内。版本7~40都包含了版本信息，没有版本信息的全为0。二维码上的两个位置包含了版本信息，它们是冗余的。版本信息共18位，6×3的矩阵，其中6位是数据位，如版本号8，数据位的信息是001000，后面的12位是纠错位。

6.2 Python二维码的生成与识别

6.2.1 Python生成二维码

Python中有丰富的第三方库，可以使用myqr、qrcode等库来帮助二维码的制作，这里以myqr库为例来讲解说明。

首先使用pip的安装指令完成第三方库的安装，一般可以通过"pip install myqr"指令完成安装，但是为了安装速度更快，可以在安装指令之后增加镜像。指令如下：

```
pip install myqr -i https://pypi.doubanio.com/simple/
```

指定豆瓣源的安装方式，可以大大提升安装速度。除了豆瓣镜像源之外，读者可以实时搜索当前可用镜像源，进行替换即可。

生成简单二维码代码，示例如下：

```
1. from MyQR import myqr
2. myqr.run(words='hello world! ')
```

代码运行后会得到一个包含了"hello world!"信息的简单黑白QR码，默认文件名为"qrcode.png"，默认路径为当前路径。

MyQR库是Python中最流行的二维码制作函数库。它通过一个简单的函数就可生成生动有趣的二维码，可谓是二维码制作神器。MyQR库中模块myqr可用于制作二维码，引用方式为from MyQR import myqr，其具体参数如下：

- words：二维码内容，如链接或者句子。

- version：二维码大小，范围为[1, 40]。

- level：二维码纠错级别，范围为{L, M, Q, H}，H为最高级，默认为H级。

- picture：自定义二维码背景图，支持格式为.jpg、.png、.bmp、.gif，默认为黑白色。

- colorized：二维码背景颜色，默认为 False，即黑白色。
- contrast：对比度，值越高，对比度越高，默认为1.0。
- brightness：亮度，值越高，亮度越高，默认为1.0，值常和对比度相同。
- save_name：二维码名称，默认为 qrcode.png。
- save_dir：二维码路径，默认为程序工作路径。

适当修改和增加参数信息可得到个性化彩色二维码，示例代码如下：

```
from MyQR import myqr
myqr.run(words="TestQR",picture="./1.jpg",colorized=True)
```

示例中需要提前准备一张彩色的背景图片。该示例中，图片需要放在与程序文件同级的目录下，然后运行程序，会生成包含信息为"TestQR"的彩色二维码，默认二维码名称为"1_qrcode.png"，默认存放在当前路径中。如果背景图片选用了一张扩展名为".gif"动图，则会生成一张彩色动态二维码。

6.2.2 Python二维码识别

pyzbar模块是一个开源的二维码检测的项目，可以用来检测二维码和条形码。同样可以使用"pip install pyzbar"指令进行安装。也可以加入镜像，指令如下：

```
pip install pyzbar -i https://pypi.doubanio.com/simple/
```

这里依然使用了豆瓣的镜像源，读者也可替换其他的镜像源。

使用pyzbar进行二维码的解析，定义解析函数，对6.2.1节中生成的二维码进行解析。示例代码如下：

```
1.  import os
2.  from pyzbar.pyzbar import decode
3.  import cv2 as cv

4.  def QRParsing(filePath):
5.      if os.path.isfile(filePath):              # 判断是否是本地文件
6.          img = cv.imread(filePath)             #读取二维码图片
7.          texts = decode(img)                   #解码验证码图片
8.          for text in texts:                    #遍历解码数据
9.              qrInfo = text.data.decode("utf-8") #将内容解码成指定格式
10.             print(qrInfo)                     #打印二维码信息
11.     else:                                     # 如果不是本地文件
12.         print("图片不存在")

13. if __name__ == '__main__':
14.     filePath = "./qrcode.png"
15.     QRParsing(filePath)
```

示例中定义了QR码解析函数QRParsing。该函数需要传入二维码图片的具体文件路径。函数中首先判断二维码文件是否存在，如果存在，则读取图片，再通过decode()函数获取二维码内的数据信息，使用for循环对二维码的数据进行遍历与处理，并打印输出。

以上例程如果对于动态个性二维码进行解析，将会出现"TypeError: cannot unpack non-iterable NoneType object"的错误提示，原因是动态二维码的解析和静态二维码的解析是有区别的。动态二维码在解析时需要先对动态二维码图片做一个简单的处理，取动态二维码中的某一帧，将这一帧看成一个静态的二维码进行解析。示例代码如下：

```
1.  import os
2.  from pyzbar.pyzbar import decode
3.  import cv2 as cv
4.  from PIL import Image
5.  from PIL import ImageSequence

6.  def QRParsing(filePath):
7.      if os.path.isfile(filePath):                    # 判断是否是本地文件
8.          img = Image.open(filePath)                  #读取二维码动态图片
9.          i = 0
10.         for frame in ImageSequence.Iterator(img):   #获取动态二维码图片中的第一帧
11.             frame.save("frame%d.png" % i)
12.             i += 1
13.             if i>=1:
14.                 break
15.         img = cv.imread("./frame0.png")             # 读取动态二维码第一帧图片
16.         texts = decode(img)                         #解码验证码图片
17.         for text in texts:                          #遍历解码数据
18.             qrInfo = text.data.decode("utf-8")      #将内容解码成指定格式
19.             print(qrInfo)                           #打印二维码信息
20.     else:
    # 如果不是本地文件
21.         print("图片不存在")

22. if __name__ == '__main__':
23.     filePath = "./2_qrcode.gif"
24.     QRParsing(filePath)
```

对于动态二维码的解析，这里引入了图像处理库（Python Imaging Library，PIL）。PIL是Python 语言的第三方库，需要通过pip工具安装。需要注意，安装库的名字是pillow。使用指令"pip install pillow"即可安装，pillow库可以完成对图像的缩放、剪裁、叠加，以及为图像添加线条、图像和文字等操作。关于pillow库的使用，在本书的单元7会有更详细的介绍。

6.3　OpenMV二维码识别

6.3.1　OpenMV二维码识别例程

在"文件"菜单下，用户会看到"示例"菜单，其中有大量的脚本，展示了如何使用OpenMV Cam的不同功能。随着实现更多的功能，将会出现更多的例子。应确保熟悉示例脚本，以便有效地使用OpenMV。在例程中找到qrcodes_with_lens_corr.py例程。例程代码如下：

扫码观看视频

```
1.  # QRCode Example
2.  # 这个例子展示OpenMV Cam使用镜头校正来检测QR码的能力
3.  import sensor, image, time
4.  sensor.reset()
5.  sensor.set_pixformat(sensor.RGB565)
6.  sensor.set_framesize(sensor.QVGA)
7.  sensor.skip_frames(time = 2000)
8.  sensor.set_auto_gain(False)    # 必须关闭此功能以防止图像丢失
9.  clock = time.clock()
10. while(True):
11.     clock.tick()
12.     img = sensor.snapshot()
13.     img.lens_corr(1.8)          # 1.8的强度对2.8mm镜头来说是优势
14.     for code in img.find_qrcodes():
15.         img.draw_rectangle(code.rect(), color = (255, 0, 0))
16.         print(code)
17.     print(clock.fps())
```

在OpenMV编译器中导入以上代码例程，连接OpenMV模组，调节好摄像头，运行程序后可识别二维码图片信息并将识别后的code打印输出。分析以上程序：

（1）导入库

sensor：用于提取图像。

image：用于机器视觉。

time：用于追踪经过的时间。

（2）初始化相机传感器

sensor.reset()：摄像头初始化。

（3）设置相机模块的像素格式

sensor.set_pixformat（参数）的参数类型有：

sensor.GRAYSCALE：每个像素8位。

sensor.RGB565：每个像素16位。

sensor.BAYER：每个像素8位拜尔（Bayer）模式。

（4）设置图像大小

sensor.set_framesize（参数）的相关参数信息如下：

sensor.QQCIF：88×72。

sensor.QCIF：176×144。

sensor.CIF：352×288。

sensor.QQSIF：88×60。

sensor.QSIF：176×120。

sensor.SIF：352×240。

sensor.QQQQVGA：40×30。

sensor.QQQVGA：80×60。

sensor.QQVGA：160×120。

sensor.QVGA：320×240。

sensor.VGA：640×480。

sensor.HQQQVGA：80×40。

sensor.HQQVGA：160×80。

sensor.HQVGA：240×160。

sensor.B64X32：64×32（用于image.find_displacement()）。

sensor.B64X64：64×64（用于image.find_displacement()）。

sensor.B128X64：128×64（用于image.find_displacement()）。

sensor.B128X128：128×128（用于image.find_displacement()）。

sensor.LCD：128×160（与LCD防护罩配合使用）。

sensor.QQVGA2：128×160（与LCD防护罩配合使用）。

sensor.WVGA：720×480（对于MT9V034）。

sensor.WVGA2：752×480（对于MT9V034）。

sensor.SVGA：800×600（仅在JPEG模式下用于OV2640传感器）。

sensor.SXGA：1280×1024（仅在OV2640传感器的JPEG模式下）。

sensor.UXGA：1600×1200（仅在JPEG模式下用于OV2640传感器）。

（5）设置延时

sensor.skip_frames(time = 2000)用于设置一个延时时间，这里改变了相机设置，因此等待2s的时间，让相机稳定。

（6）创建clock对象

clock = time.clock()用于建立一个clock对象。

（7）拍摄图片

sensor.snapshot()表示相机提取一幅图像并返回给image对象。

（8）二维码识别

for code in img.find_qrcodes()表示逐一遍历摄像头获取到的二维码，可实现单个或多个二维码的循环识别。

（9）clock.fps()停止记录

clock.tick()和clock.fps()配合使用，clock.tick()用于开始记录经过的时间，clock.fps()用于停止记录并返回每秒的帧数。

（10）while（True）循环

程序一经启动，摄像头将一直获取图片并对图片中的信息进行分析识别。

6.3.2　OpenMV二维码识别函数

在OpenMV官方提供的资料手册可以查到find_qrcodes()函数的作用是查找ROI（Region of Interest，感兴趣区域）内的所有二维码并返回一个image.qrcode对象列表。这一方法如果要成功运行，图像上的二维码需要比较平展。可以使用sensor.set_windowing()函数在镜头中心放大，使用image.lens_corr()函数来消解镜头的桶形畸变，或者更换视野较为狭小的镜头，得到一个不受镜头畸变影响的更为平展的二维码（二维码图像的畸变处理在6.3.3节中有详细的介绍）。有些机器视觉镜头不会造成桶形失真，但是其造价远比OpenMV提供的标准镜片高，这种镜头为无畸变镜头。

二维码识别函数的格式为：

image.find_qrcodes([roi])

其中，roi是一个用于复制矩形的感兴趣区域（x,y,w,h）。如果未指定，即指整幅图像的矩形。操作范围仅限于ROI区域内的像素。

该函数返回的是一个包含所有找到的二维码信息的列表。每个二维码信息都包含以下属性：

- payload：二维码的数据。
- version：二维码的版本号。
- ecc_level：二维码的纠错等级。

- mask：二维码的掩码模式。
- points：二维码的4个定位点坐标。

6.3.3 二维码图片处理

（1）去除桶形畸变

桶形畸变又称桶形失真，是由镜头引起的成像画面呈桶形膨胀状的失真现象。桶形畸变虽然不影响成像清晰度，但却影响成像的位置精度，这会给图像分析和图像测量带来误差。一般采用广角镜头拍摄时易产生桶形畸变，该现象非常常见，例如，我国成功发射的天问一号火星探测器，2021年5月实施降轨，着陆巡视器与环绕器分离，软着陆火星表面，火星车驶离着陆平台，开展巡视探测等工作，对火星的表面形貌、土壤特性、物质成分、水冰、大气、电离层、磁场等进行科学探测，实现我国在深空探测领域的技术跨越。深空探测将推动空间科学、空间技术、空间应用的全面发展，为服务国家发展大局和增进人类福祉作出更大贡献。

祝融号火星车搭载了6台科学载荷，其中包括导航地形相机，用于拍摄广角图片，指导火星车的移动并寻找感兴趣的目标（岩石/土壤等）；结合环绕器上搭载的高分辨率相机，将它们拍摄到的地面图像进行比对，可以校准火星表面的真实情况；为其他科学载荷寻找感兴趣的探测目标或区域。为获知火星车前进方向更大范围的地形信息，避障相机采用大广角镜头，在广角镜头畸变的影响下，远处地平线形成一条弧线，如图6-3所示。

图6-3　前避障相机拍摄的火星地表图片

在二维码导航应用案例中也会由于广角镜头的选择存在一定的桶形畸变。这样的畸变对二维码的识别会产生一定的影响。那么如何去除桶形畸变，以便在校正后提高二维码的识别准确性呢？在OpenMV Cam的image库中提供了很多的方法，其中就包括镜头畸变校正函数。该函数定义如下：

image.lens_corr([strength=1.8[, zoom=1.0[, x_corr=0.0[, y_corr=0.0]]]])

该函数可进行镜头畸变校正，以去除镜头造成的图像鱼眼效果。其中，strength参数表示一个浮点数，该值确定了对图像进行去鱼眼效果的程度。在默认情况下，首先尝试取值为1.8，然后调整这一数值，使图像显示最佳效果。zoom是对图像进行缩放的数值，默认值为1.0。

返回图像对象，以便可以使用"."表示法调用另一个方法。该方法不支持压缩图像和bayer图像。

（2）截取感兴趣区域

为了提升二维码识别的准确率，还可以对所拍摄的图片进行剪裁。一般镜头在拍摄时的拍摄角度较大，导致二维码在图片中的占比过小，周围的场景被拍摄到图片中会对二维码的识别带来一定的干扰，那么如何去除干扰信息以提高识别效率呢？

扫码观看视频　　扫码观看视频

这里就需要大家了解ROI的概念了。所谓ROI，即在机器视觉、图像处理中，从被处理的图像中以方框、圆、椭圆、不规则多边形等方式勾勒出需要处理的区域。在图像处理领域，感兴趣区域（ROI）是图像分析所关注的重点。圈定该区域，以便进行进一步处理。使用ROI圈定想读的目标，可以减少处理时间，增加精度。

在二维码的图片识别程序中用到了find_qrcodes()函数，其实，该函数并非无参函数，根据需要可以传入roi参数信息，完成图片的剪裁。函数具体描述如下：

image.find_qrcodes([roi])

查找ROI内的所有二维码并返回一个image.qrcode对象的列表。请参考image.qrcode对象以获取更多信息。

ROI是一个用于复制矩形的感兴趣区域（x, y, w, h）。如果未指定，ROI即指整幅图像的矩形。操作范围仅限于ROI区域内的像素。x、y、w、h的值可以在选择所要选择的区域后在直方图中直接读取到，也可以结合图片处理技术，获取到感兴趣区域的边缘信息，通过计算获取到这4个变量的具体值。截取感兴趣区域如图6-4所示。

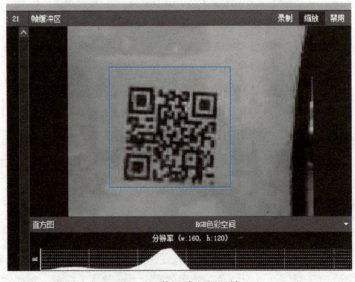

图6-4　截取感兴趣区域

6.4 嵌入式技能竞赛任务：二维码识别与处理

以全国职业院校技能大赛嵌入式技术应用开发赛项规程为例，本赛项包括3个模块：嵌入式系统硬件制作与驱动开发、嵌入式应用程序开发及嵌入式边缘、计算应用开发。要求参赛选手在规定时间内焊接、调试一套比赛现场下发的功能电路板，并安装在主竞赛平台（简称为主车），从竞赛平台简称为从车。同时，完成嵌入式应用程序的编写和测试，使之能够自动控制主、从车，完成14个赛道任务（模块2）、以机器视觉为主的图形图像识别与信息处理赛道任务10个（模块3）。其中，两个任务是关于二维码的识别与处理，分别是模块2的任务9与模块3的任务3，具体描述见表6-3。

表6-3 任务具体描述

任务要求	说明
（摘自模块2） 任务9：从车识别二维码（2分） 从车在B2处，识别位于A2处静态标志物（B）上的二维码信息，并将有效数据发送至主车	A2处的静态标志物（B）中有两个二维码，选手均需要识别。 二维码（一）信息为固定8个字节长度的字符串，有效数据格式为"XYYYXY"字符，X代表大写字母A～Z中的任意一个字母，Y代表0～9中的任意一个数字，其他字节仅包含"*" "/" "<" ">" "#" "%"，为干扰字符。例如，二维码（一）信息为"A/145#B6"，则有效数据为"A145B6"字符 二维码（二）信息为一个计算公式，仅包含以下运算，即加（+）、减（-）、乘（*）、除（/）、次幂（^），涉及的计算参数仅为r、n、y。其中，r为任务4计算所得路灯目标档位，n为任务4所测得路灯标志物初始档位，y为任务11中所获取的立体车库（A）的初始层数。计算结果记为x。例如，二维码（二）信息为（(n*y+r)^4)/100
（摘自模块3） 任务3：主车二维码识别与语音播报（1分） 主车在D6位置处，获取位于D5处静态标志物（A）上的二维码信息，然后将识别到的二维码信息按照指定格式发送到语音播报标志物上进行语音播报	静态标志物上有3个二维码，分别为红色二维码、黄色二维码、绿色二维码，3个二维码的摆放位置随机，但不会超出静态标志物显示窗口区，要求识别红色二维码里面的信息，其他二维码内容数据无效 红色二维码信息与语音播报说明：语音播报标志物仅播报红色二维码信息中的文字，其余数据无效 例如：二维码信息为"富强]339ab民主s"，则语音播报标志物只需播报"富强民主"

通过分析任务可知，主、从车需要对赛道中摆放的二维码标志物进行识别，获取到二维码携带的信息后还要进行响应的数据处理，作为下一个任务的数据源。由此可见，识别仅仅是第一步，数据准确处理后任务才算完成。

一般涉及的数据处理方法限于基本运算、逻辑运算、数据类型转换、数组操作、字符串处理的组合：

1)基本运算:加、减、乘、除、求模。

2)逻辑运算:与、或、非、同或、异或、移位。

3)数据类型转换:字符与ASCII码转换、文本与数字转换、进制转换。

4)数组操作:插入、删除、查找、排序。

5)字符串处理:连接、截取、查找、逆置。

读者可对赛题中涉及的二维码数据处理算法进行编码练习。

6.5 AGV二维码导航

AGV(Automated Guided Vehicle)小车指装备了电磁或光学等自动导航装置,能够沿规定的导航路径行驶,具有安全保护及各种移载功能的运输车。

扫码观看视频

扫码观看视频

扫码观看视频

扫码观看视频

工业应用中不需要驾驶员的搬运车,以可充电的蓄电池为其动力来源。一般可通过计算机来控制其行进路径以及行为,或利用电磁轨道(Electromagnetic Path-following System)来设立其行进路径,电磁轨道粘贴于地板上,无人搬运车则依靠电磁轨道所带来的信息进行移动与执行动作。其常见的导航方式有色带导航、二维码导航、激光导航、电磁导航、视觉导航等。SKV1000潜伏顶升式AGV如图6-5所示。

图6-5 SKV1000潜伏顶升式AGV

AGV小车如何实现二维码导航?首先,需要选择一款专业的AGV二维码相机传感器。它是AGV的一双眼睛,用来获取二维码的图像和解析二维码的内容,生成坐标信息和绝对坐标。

如何判断一款AGV二维码相机传感器是专业级的产品?目前,在大部分电商平台上能买到的AGV二维码相机传感器都是由原来的通用条码扫描器改制或者通过不同类型的摄像机改装出来的摄像头传感器。它不具有工业产品的可靠性和稳定性，算法也是开源算法，无法保证高效读取、超强纠错、抗光线干扰等实施现场的问题。

AGV二维码相机传感器最重要的几个因素：

1）算法。必须是针对AGV行业专门编写的二维码解析算法。传统的解析手机支付二维码的开源算法无法应对仓储环境下的二维码脏污、破损、褶皱的现实状况。独立的算法研发设计能力是重点。

2）光学系统。AGV在行径过程中，优秀的光学系统能更多地覆盖有效区域，捕捉二维码解析内容和坐标，有效地提高AGV导航的精确性、运动控制系统的精度值。它能有效解决叉车AGV的货架定位能力，提高潜载式AGV的装卸区域精确性。一家专业的AGV二维码相机厂商，必须具有自己的光学设计能力。

3）工业级的电子部件。AGV小车是一种工具，所以它的工作环境不会是理想的办公室，而是脏、污、高温、静电等各种情况的仓储条件。只有IP等级较高的产品，内置工业级宽温的芯片才能有效、稳定地长时间工作。

6.5.1　AGV二维码导航路径铺设

二维码定位导航技术的工作原理是：二维码AGV导航根据二维码传感器的扫描获取到地面铺设的二维码图像坐标系中的位置；把采集到的二维码图像坐标位置信息传送给AGV控制器，控制器计算图像传感器提供的坐标数据，从而确定图像在地图中的位置；调度系统发送给AGV小车导航路径指令；AGV小车根据接收到的路径指令，建立局部导航坐标系并计算AGV小车的初始位置；AGV控制器通过编码器信息反馈量控制两个轮子的转动圈数，使得AGV小车依次行驶至导航路径指令序列中的每个二维码图像标签，以完成导航路径指令。

智能化车间二维码路径如图6-6所示。

图6-6　智能化车间二维码路径

对于一个智能的仓储中心，二维码导航路径的设计是关键。一般在设计过程中，每个二维码除携带必要的位置信息之外，还会根据其路径特点为每一个二维码设计唯一的ID属性，其目的是在识别二维码的过程中提供二维码的容错和抗干扰能力，可使用软件计算非连续不识别二维码的坐标信息，实现脱轨后的自动上线的功能。二维码地图编辑器通常由AGV生产厂商提供，根据厂区特点，借助该编辑器对AGV的运行路径进行规划。一般，二维码的铺设距离是等间距的，但是在拐点及特殊路段需要特别设计。好的路径规划有助于开发者编写任务调度程序，增加算法稳定性。地图编辑器如图6-7所示。

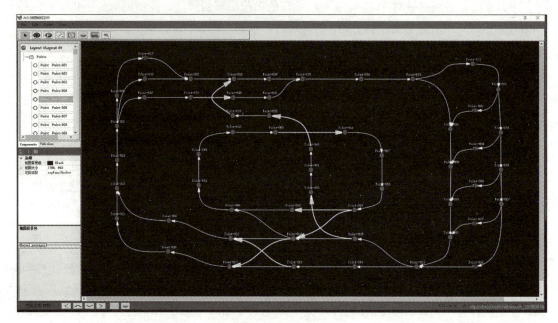

图6-7　地图编辑器

6.5.2　AGV二维码路径维护

与激光导航、视觉导航、色带导航等其他方式比较，二维码导航有其显著的优点，主要表现在：定位精确，小巧灵活，铺设、改变路径较为容易，便于控制通信，无须担心声光干扰。但是二维码导航有其明显的缺点，主要表现在：一是，二维码惯性导航AGV小车的二维码容易污损，需要定期维护、更换二维码；二是，如果场地复杂，用户就需要频繁更换二维码。

针对二维码导航存在的主要问题，许多企业在二维码的制作材质设计上进行了多种尝试。常用的材质包含纸质、铁质及PVC。经过多个项目的实施和验证发现：纸质二维码容易破损，后续维护成本高；铁质的二维码虽然不易破损，但会由于金属材质导致AGV底部的二维码扫描仪出现反光而无法定位，所以AGV丢失率较其他材质较高；PVC的二维码或者塑料制品的二维码使用效果最佳，但对于工厂环境来说有一定的限制。使用塑料制品的二维码时，张贴二维码的区域不允许大型机器通过。大型机器的重量很容易将塑料的二维码压碎，增加后续维护成本。

除了材质上的对比，很多企业在研究过程中对设计和算法进行了升级，比如将单个二维码的设计改为4×4二维码，也就是在原来一张二维码卡片上绘制4×4（即16）个相同的二维码。这样，即便二维码有破损，只要16个二维码中有一个二维码满足容错要求，就可以将该坐标获取到。相比于一个二维码而言，这样的设计大大地提升了识别准确率，但这样的设计对摄像头的拍摄精度及算法有了更高的要求。二维码设计如图6-8所示。

a)单个二维码　　　　　　　　b)2×2二维码

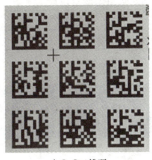
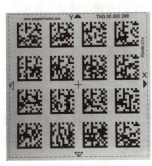

c)3×3二维码　　　　　　　　d)4×4二维码

图6-8　二维码设计

其实,二维码导航更适用于电商分拣的场景,无人的工作环境更能让二维码导航的AGV发挥更大的作用,并且电商分拣的场所不会出现叉车或者其他大型机器。可以说,在这种场景下使用二维码导航,维护成本最低,是最经济的导航方式。

6.5.3　AGV操作安全规范

1)AGV操作人员和管理人员必须牢记"安全第一",按照使用维护说明书进行安全操作、规范操作。

2)用集装箱或汽车运输装运AGV车时需注意关闭电源,电源分为整车电源和电池电源,要确保全部关闭。

3)AGV整车标配高效节能的锂电池,应确保AGV车长期不使用时每4个月左右进行一次充放电维护,具体维护方法如下:在20±5℃环境温度下,先以0.2C(电池容量)放电结束,搁置30min,然后使用充电机充满电。电池系统储存期超过3个月时,应以50%~80%的荷电状态储存。

4)使用前,必须认真阅读使用维护说明书和有关随机文件,熟悉各个按钮功能,了解AGV车的结构和性能,做好全面的硬件检查,程序烧写前要做好代码审查并备份,写好技术文档。交付测试人员测试前一定要自测通过再交付。

5)驱动电机使用维护:每半年至少检查电动机一次,主要是清除电动机的污垢、积灰、积碳,以利于电动机正常工作和散热。

6）AGV常见异常原因及处理措施见表6-4。

表6-4　AGV常见异常原因及处理措施

异常现象	常见异常原因	处理措施
打滑	使用初期运转不平稳	运转磨合一段时间
	油污异物混入	清除油污异物
	负荷过大	减少负荷或更换大承载能力车型
	以上情况除外	调节驱动装置和车间的连接弹簧，适当调紧压力
噪声大	产品使用环境要求静音	静音设计
	异物混入	清楚异物
	安装不良	更换安装面或轴

6.6　AGV小车运行与调试

任务描述：制作包含组坐标信息的二维码图片，安置在模拟赛道的静态标志物中，编写二维码识别程序并对识别结果进行分析，将程序烧写到嵌入式竞赛平台（从车）中，二维码的处理结果作为AGV小车的停车导航，即立体车库中的停车层数。

从车从D6位置起寻找位于G6处摆放的二维码标志物并识别，获取坐标信息，然后将该信息发送给AGV小车的主控中心。赛道地图如图6-9所示。

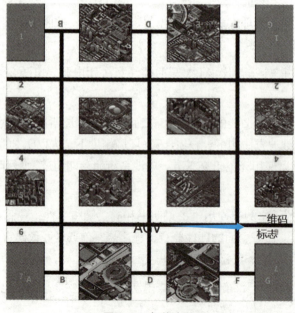

图6-9　赛道地图

任务分析：二维码的基本识别函数在之前已有说明，但是识别的结果仅以code形式打印输出。本任务需要在原程序的基础上增加图像处理及识别结果的传输功能。

二维码基本识别程序：

```
1.  # QRCode Example
2.  # This example shows the power of the OpenMV Cam to detect QR Codes
3.  # using lens correction (see the qrcodes_with_lens_corr.py script for higher performance).
4.  import sensor, image, time
5.  sensor.reset()
6.  sensor.set_pixformat(sensor.RGB565)
7.  sensor.set_framesize(sensor.QVGA)
8.  sensor.skip_frames(time = 2000)
9.  sensor.set_auto_gain(False) # must turn this off to prevent image washout...
10. clock = time.clock()
11. while(True):
12.     clock.tick()
13.     img = sensor.snapshot()
14.     img.lens_corr(1.8) # strength of 1.8 is good for the 2.8mm lens.
15.     for code in img.find_qrcodes():
16.         img.draw_rectangle(code.rect(), color = (255, 0, 0))
17.         print(code)
18.     print(clock.fps())
```

为了能提高二维码的识别准确度，可在原图的基础上截取感兴趣区域（ROI），而ROI的获取主要是确定x、y、w、h这4个参数，可以编写获取ROI的子函数。例如：

```
1.  #扩宽ROI
2.  def expand_roi(roi):
3.      # set for QQVGA 160*120
4.      extra = 5
5.      win_size = (160, 120)
6.      (x, y, width, height) = roi
7.      new_roi = [x – extra, y – extra, width + 2 * extra, height + 2 * extra]
8.      if new_roi[0] < 0:
9.          new_roi[0] = 0
10.     if new_roi[1] < 0:
11.         new_roi[1] = 0
12.     if new_roi[2] > win_size[0]:
13.         new_roi[2] = win_size[0]
14.     if new_roi[3] > win_size[1]:
15.         new_roi[3] = win_size[1]
16.     return tuple(new_roi)
```

最后，识别后的结果需要通过窗口发给主控芯片，需要编写窗口发送函数。这里使用UART类——双向串行通信总线。

UART（Universal Asynchronous Receiver/Transmitter，通用异步收发器）是一种双向、串行、异步的通信总线，仅用一根数据接收线和一根数据发送线就能实现全双工通信。其物理层包括两条线：收送线（TX）和接收线（RX）。通信单元为8位或9位宽的字符（勿与字符串字符混淆）。

UART对象可通过下列方式创建和初始化：

```
1. from pyb import UART
2. uart = UART(3, 9600, timeout_char=1000)                              # 使用给定波特率初始化
3. uart.init(9600, bits=8, parity=None, stop=1, timeout_char=1000)      # 使用给定参数初始化
```

单个字符可通过下列方法读取/写入：

```
1. uart.readchar()        #读取一个字符，并返回其整数形式
2. uart.writechar(42)     #写入一个字符
```

注意：流函数read()、write()等适用于MicroPython v1.3.4。早期版本可使用uart.send和uart.recv。

定义UART类的对象，设置串口号为3，波特率为115200，8位数据位，无校验位，1位停止位。例如：

```
uart = UART(3, 115200, 8, None, 1)                                      #创建串口对象
```

串口发送函数定义如下：

```
#串口发送函数
def USART_Send(src, length):
    for i in range(length):
        uart.writechar(src[i])
```

调用串口发送函数，即可将识别后的二维码坐标信息发送给主控芯片。但是信息的发送需要遵循AGV从车机器视觉模组数据结构，即通信协议，机器视觉模组向竞赛平台（从车）回传的通信协议见表6-5。

表6-5　机器视觉模组向竞赛平台（从车）回传的通信协议

包头	数据类型	识别状态	数据区长度	数据区		包尾
0X55	0X02	0X91	保留	0Xxx	0Xxx	0XBB
0X55	0X02	0X92	0X01（识别成功）	0Xxx	0Xxx	0XBB
			0X02（识别失败）	0Xxx	0X00	0X00
			0X03（正在识别）	0Xxx	0X00	0X00

说明：该数据包头、数据类型、包尾为固定格式，数据区长度取值范围为0~43，0X01表示识别成功，0X02表示识别失败，0X03表示正在识别。当返回识别成功时，数据区为识别结果（数据长度不定但最大不会超过43个字节）；当返回识别失败或正在识别数据时，数据区为0X00（两个字节）。

完善二维码识别与发送函数：

```
1.   #二维码识别，并发送识别结果
2.   def Qr_Check(srcbuf):
3.       global FlagOK, num, databack
4.       if(FlagOK == 1):
5.           LED_Green.on()
6.           time.sleep(150)
7.           LED_Green.off()
8.           time.sleep(150)
9.           LED_Green.on()
10.          time.sleep(150)
11.          LED_Green.off()
12.          time.sleep(150)
13.      for code in img.find_qrcodes():
14.          FlagOK = 0
15.          tim.deinit()
16.          print(code)
17.          qr_Tab = code.payload()
18.          uart.writechar(0x55)
19.          uart.writechar(0x02)
20.          uart.writechar(0x92)
21.          uart.writechar(0x01)
22.          uart.writechar(len(qr_Tab))
23.          for qrdata in qr_Tab:
24.              uart.writechar(ord(qrdata))
25.          uart.writechar(0xBB)
26.      if(FlagOK == 1):
27.          for rdata2 in returnData2:
28.              uart.writechar(rdata2)
29.      FlagOK = 0
```

将该函数烧写到main()函数中，整个二维码的识别函数Qr_Check()置于while(True)无线循环中，设置FlagOK标记，记录识别状态。烧写程序，验证并分析。

6.7 小结

本单元从OpenMV Cam示例入门，讲述了MicroPython的特点与基本理论，详细介绍了OpenMV视觉模组的特点、驱动安装、IED下载、示例调试步骤，重点介绍了二维码的识别程序设计，对二维码原理结构进行系统分析，并对二维码的识别函数进行了学习和优化，实现了二维码的识别。

在完成基本任务之后，结合嵌入式技术应用开发赛项任务对二维码识别应用做了进一步的实践和应用，并结合企业AGV小车的二维码定位导航技术进行任务学习。另外，还介绍了智能仓储车间二维码导航AGV工作过程，以及二维码路径的规划和维护要点、AGV小车的维护要点。最后，结合嵌入式国赛赛题设置了综合实践任务AGV小车的运行与调试，将二维码识别、数据处理、串口发送等功能串接起来，完成了从识别二维码到数据传输以及数据被接收的全过程。

6.8 习题

创新小尝试：设计"一物一码"追踪溯源系统

背景：对于制造业来说，产品的生产已逐步实现自动化，满足了消费者对产量的需求，但随着产量的不断增加，市场竞争的白热化加剧，如何有效地保证产品的质量，确保每件产品在原料入厂、生产作业过程和成品出厂的过程中实现精确的可追溯性，是目前众多企业用户最关心的问题。大部分制造企业都还采用手工作业方式记录产品生产过程的各类批次信息和质量信息，严重影响了工作效率和数据的准确性、共享性。另外，大部分制造企业虽然实施了ERP管理系统，但对于车间在制品、车间产量、物料拉动和准时交付等环节还存在漏洞。为解决这一问题，必须对生产的每个环节进行监管，严格按照生产秩序执行，记录产品的每个环节，形成对过程的追溯和管控。

需求：研究设计"一物一码"生产追溯系统。让每一件产品都具有唯一性，从采购到生产的每个环节都"一码"绑定，为企业搭建全套溯源和防窜货管理，在每一个生产环节都可以全程追溯，让生产更加透明。

走进大国制造，探索科技强国之路

1. 阅读以下材料分析，结合课程内容谈谈你对AGV二维码导航技术的理解。

目前市场上有很多导航方式，应用比较普遍的是磁条导航、磁钉导航、二维码导航、色带导航、激光导航、自然导航、视觉导航等。最开始的导航方式就是磁条导航，利用磁性有轨设备进行小车的导航。由于磁条导航施工烦琐且需要连续性破坏原有地面，所以后来发展到了磁钉导航。磁钉导航相对于磁条导航，对原有的地面破坏性较小。二维码导航的原理和磁钉导航基本相同，在小车行进的道路上等距贴上二维码，小车行走在没有二维码的路段时属于盲导，盲导时，由于地面情况、通信等因素会导致小车方向发生一定偏差。请根据你对二维码识别原理及识别过程的分析，说明如何能够最大可能地避免AGV出现盲导情况，又如何实现盲导时AGV自动纠偏。

2. 勇敢闯荡浩瀚宇宙，嫦娥奔月、祝融探火、羲和逐日，中国人上演跨越星球的浪漫，叩问苍穹的脚步不曾停歇。

二维码识别过程中会出现桶形畸变，在天问一号火星探测器上装置的导航相机也出现了该情况。请根据相关官方新闻报道及科普资料探讨各种探测器、着陆器等如何实现崎岖地形下精确安全软着陆、如何实现太空之中的通信等核心关键技术。

单元 7

Python图像处理

学习目标

知识目标

- 了解图像处理的基本定义、应用领域和重要性。
- 了解图像像素、分辨率、颜色空间等基本概念。
- 了解如何使用Python中常用的图像处理库。
- 掌握图像的读取、显示、保存等基本操作方法。
- 掌握图像的色彩转换、滤波处理、边缘检测等方法。
- 掌握图像特征提取、轮廓绘制等方法。
- 了解图像识别的基本原理和方法。

能力目标

- 能够使用Python处理图像,进行图像色彩转换。
- 能够将给定的彩色图片进行轮廓检测和处理。
- 掌握图形识别的基本流程,能够使用Python辨别图形形状。
- 能够开发基于Python的综合应用,如图形识别工具等。

素质目标

- 通过完成团队项目和合作开发,提升团队协作能力和沟通技巧。
- 关注图像处理领域的最新发展,培养持续学习和自我提升的习惯。
- 能够延伸阅读其他学习资源,如官方文档、社区论坛和开源项目等,培养举一反三的能力。

本单元主要介绍图像的基本表示方法、图像处理基本操作、图像平滑滤波基本方法、图像边缘检测与轮廓检测基本方法和图像颜色阈值处理方法等。结合OpenCV库实现图形形状的识别，引入全国职业技能竞赛赛项任务，采用OpenMV摄像头实现"嵌入式技术开发应用赛项"中的赛项任务：图形形状识别及智能模拟交通灯颜色的识别等。

7.1 图像基本表示方法

在学习图像处理的操作之前，需要了解图像的表示方法。本节主要介绍图像处理中常用的基本图像的表示方法。

扫码观看视频

7.1.1 二值图像

二值图像是指只含有黑色和白色的图像，如图7-1所示。在计算机中，图像的处理是通过矩阵来实现的。计算机在处理该图像时，先将其划分为若干个小方块，每一个小方块就是一个独立的处理单位，可以称为像素点。然后，计算机会将白色的像素点处理为"1"，将黑色的像素点处理为"0"。由于图像只使用两个数字就可以表示，因此，计算机使用一个比特位来表示二值图像。

图7-1 二值图像

7.1.2 灰度图像

二值图像只能表示黑、白两种颜色，导致图像不够细腻，不能表现出更多的细节。如图7-2所示，lena图像是一幅灰度图像，因为图像的信息更加丰富，所以计算机无法只使用一个比特来表示灰度图像。

一般来说，计算机会将灰度处理为256个灰度级，用数值区间[0,255]来表示。其中，数值"255"表示纯白色，数值"0"表示纯黑色，其余的数值表示从纯白到纯黑之间不同级别的灰度。用于表示256个灰度级的数值0~255，正好可以用8位二进制来表示。

图7-2 灰度图像

有时也会使用8位二进制来表示二值图像。其中，"0"表示黑色，"255"表示白色。

7.1.3 彩色图像

与二值图像和灰度图像相比，彩色图像明显可以表示出更多的图像信息。有研究发现，人类的视网膜能够感受到红色、绿色和蓝色3种不同的颜色，即三基色。在自然界中，各种常见的不同颜色的光都可以通过三基色按照一定的比例混合而成。从人的视觉角度来看，可以将颜色解析为色调、饱和度和亮度等。通常将上述采用不同方式表述颜色的模式称为色彩空间。

这里以常用的RGB色彩空间为例说明。在RGB色彩空间中，存在R（Red，红色）通道、G（Green，绿色）通道和B（Blue，蓝色）通道。每个色彩通道值的范围都为[0,255]，计算机使用这3个色彩通道的组合表示颜色。对于计算机来说，每个通道的信息就是一个一维数组，所以通常使用一个三维数组来表示一幅RGB色彩空间的彩色图像。

一般情况下，在RGB色彩空间中，图像通道的顺序是R→G→B，但是在OpenCV中，通道的顺序是B→G→R，即：

- 第一个通道保存B通道的信息。
- 第二个通道保存G通道的信息。
- 第三个通道保存R通道的信息。

在图像处理中，可以根据需要对通道的顺序进行转换。OpenCV提供了很多库函数来进行色彩空间的转换，在7.3节中将进行介绍。

7.2 图像处理的基本操作

上一节中提到了图像是由若干个像素组成的，因此，图像处理可以看作计算机对像素的处理。在面向Python的OpenCV中，可以通过位置索引的方式对图像内的像素进行访问和处理。

7.2.1 OpenCV库的安装

OpenCV的安装需要使用pip指令，可以在doc命令行中输入"pip install opencv-contrib-python"，但是OpenCV的安装用时比较长，因此建议使用镜像安装。指令如下：

```
pip install opencv-python -i https://pypi.doubanio.com/simple/
```

本处指定豆瓣源（doubanio）的安装方式，读者也可以使用其他镜像源，可以大大提升安装速度。

此外，opencv-contrib-python的安装一般要求Python版本在3.6以上，pip（标准库管理器）版本在19.3以上。

7.2.2 图像的读取、显示和保存

OpenCV提供了cv2模块,用于进行图像的处理操作。

1. 读取图像

OpenCV提供了cv2.imread()函数,用于进行图像的读取操作。该函数的基本格式为:

```
retval = cv2.imread(filename[,flags])
```

其中:

- retval是返回值,其值是读取到的图像。
- filename是读取图像的完整文件名。
- flags是读取标记,用来控制读取文件的类型。常用的flags标记值见表7-1,其中第一列的"值"与第三列的"数值"表示的含义一致。

表7-1 常用flags标记值

值	含义	数值
cv2.IMREAD_UNCHANGED	保持原格式不变	-1
cv2.IMREAD_GRAYSCALE	将图像调整为单通道的灰度图像	0
cv2.IMREAD_COLOR	将图像调整为三通道的BGR图像,此为flags的默认值	1
cv2.IMREAD_ANYDEPTH	当载入的图像深度为16位或者32位时,就返回其对应的深度图像,否则将其转换为8位图像	2
cv2.IMREAD_ANYCOLOR	以任何可能的颜色格式读取图像	4
cv2.IMREAD_LOAD_GDAL	使用GDAL驱动程序加载图像	8

编写并运行代码:

```
1. import cv2 as cv
2. image = cv.imread("D:/pic/lena.jpg")   #读取lena图像
3. print (image)
```

运行代码会得到图像的像素值的列表,部分像素值如图7-3所示。

```
[[[167 204 255]
  [ 67 111 194]
  [ 62 121 224]
  ...
  [192 199 224]
  [162 172 196]
  [237 250 255]]]
```

图7-3 图像部分像素值

2. 显示图像

OpenCV提供了多个与图像显示有关的函数,下面简单介绍常用的几个。

1) namedWindow()函数用来创建指定的窗口,一般格式如下:

```
cv2.namedWindow(window)
```

其中,window是窗口的名字。例如:

```
cv2.namedWindow("image")
```

该语句会新建一个名字为image的窗口。

2）imshow()函数用来显示图像，其一般格式如下：

cv2.imshow (window, image)

其中：

- window是窗口的名字。
- image 是要显示的图像。

3）waitKey()函数用来等待按键，当有键被按下时，该语句会被执行。其一般格式如下：

retval = cv2.waitKey([delay])

其中：

- retval是返回值。
- delay表示等待键盘触发的时间，单位是ms。当该值为负数或0时表示无限等待，默认值为0。

4）destroyAllWindows()函数用来释放所有窗口，其一般格式为：

cv2.destroyA11windows()

利用上述函数显示读取的图像，代码如下：

```
1. import cv2 as cv                          #导入cv2模块
2. image = cv.imread("D:/pic/lena.jpg")      #读取lena图像
3. print(image)
4. cv.namedWindow("image")                   #创建一个名为image的窗口
5. cv.imshow("image", image)                 #显示图像
6. cv.waitKey()                              #默认为0，无限等待
7. cv.destroyAllWindows()                    #释放所有窗口
```

程序运行结果如图7-4所示。

3. 保存图像

OpenCV中提供了cv2.imwrite()函数来保存图像，其一般格式为：

retval= cv2.imwrite(filename, img[, params])

其中：

- retval是返回值。
- filename是要保存图像的完整路径名，包括文件的扩展名。
- img是要保存的图像的名字。

图7-4　程序运行结果

- params是保存的类型参数，可选。

编写程序，将读取到的图像保存。代码如下：

```
1. import cv2 as cv                              #导入cv2模块
2. image = cv.imread("D:/pic/lena.jpg")          #读取lena图像
3. cv.imwrite("D:/pic/lena2.png", image)         #将图像保存到D:/pic/下，名字为lena2.png
```

程序运行后，查看"D:/pic/"路径，多了一个lena2.png图片文件，如图7-5所示。

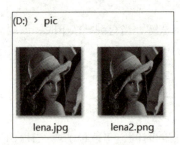

图7-5 程序运行后指定路径下显示的图片

7.2.3 图像通道的基本操作

在图像处理过程中，有时会根据需要对通道进行拆分与合并。OpenCV中提供了split()和merge()函数对图像进行拆分与合并。下面对这两个函数进行介绍。

1. split()拆分函数

函数split()可以拆分图像的通道，如BGR图像（img）的3个通道。其一般格式如下：

```
b,g,r = cv2.split(img)
```

其中：

- b、g、r分别是B通道、G通道、R通道的图像信息。
- img是要拆分的图像。

编写程序，使用split()函数对图像进行拆分，代码如下：

```
1. import cv2 as cv                              #导入cv2模块
2. image = cv.imread("D:/pic/lena.jpg")          #读取lena图像
3. b,g,r = cv.split(image)                       #拆分图像通道为b、g、r这3个通道
4. cv.imshow("b", b)                             #显示B通道的图像信息
5. cv.imshow("g", g)                             #显示G通道的图像信息
6. cv.imshow("r", r)                             #显示R通道的图像信息
7. cv.imshow("image", image)
8. cv.waitKey()
9. cv.destroyAllWindows()
```

程序运行结果如图7-6所示。

a）B通道图像　　　　　　　　　b）G通道图像

c）R通道图像　　　　　　　　　d）原始图像

图7-6　通道拆分程序运行结果

其中，图7-6a是B通道的图像，图7-6b是G通道的图像，图7-6c是R通道的图像，图7-6d是原始图像。

2. merge()合并函数

通道合并是通道拆分的逆过程，可以将3个通道的灰度图像合并为一张彩色图像。OpenCV中提供了merge()函数来实现图像通道的合并，其基本格式为：

imagebgr = cv2.merge([b, g, r])

其中：

- imagebgr是合并后的图像。
- b、g、r分别是B通道、G通道、R通道的图像信息。

编写程序，演示合并图像的过程，代码如下：

```
1. import cv2 as cv                         #导入cv2模块
2. image = cv.imread("D:/pic/lena.jpg")     #读取lena图像
3. b,g,r = cv.split(image)                  #拆分图像通道为b、g、r这3个通道
4. imagebgr = cv.merge([b,g,r])             #合并b、g、r这3个图像通道
5. cv.imshow("image", image )
6. cv.imshow("imagegbgr", imagebgr)
7. cv.waitKey()
8. cv.destroyAllWindows()
```

程序运行结果如图7-7所示。

其中，图7-7a是原始图像，图7-7b是经过拆分后又合并的图像。

a）原始图像　　　　　　　　　　b）拆分又合并后的图像

图7-7　图像拆分程序运行结果

7.2.4　图像属性的获取

在进行图像处理时经常需要获取图像的大小、类型等属性信息。下面介绍几种常用属性。

1）shape：表示图像的大小。如果是彩色图像，则返回包含行数、列数和通道数的数组；如果是二值图像或灰度图像，则返回包含行数和列数的数组。

2）size：表示返回图像的像素数目。

3）dtype：表示返回图像的数据类型。

编写程序，观察图像的属性值，代码如下：

```
1. import cv2 as cv                         #导入cv2模块
2. image = cv.imread("D:/pic/lena.jpg")     #读取lena图像
3. print("image.shape", image.shape)        #输出图像的大小属性
4. print("image.size", image.size)          #输出图像的像素数目属性
5. print("iamge.dtype", image.dtype)        #输出图像的类型属性
```

程序运行结果为：

image.shape (304, 304, 3)
image.size 277248
iamge.dtype uint8

7.3　图像的色彩空间转换

一般图像有红（R）、绿（G）、蓝（B）3个通道，每个通道由（0～255）不同的值组成，这就构成了多彩的图像，称为图像的色彩空间。在图像处理中，还有另外的色彩空间（如HSV、HIS、YCrCb、GRAY），这些更具有可分离性和可操作性，所以很多的图像算法需要将图像从RGB转换为其他空间。Python在实现图片色彩空间库的转换方法中，提供了丰富的第三方库。这里主要以OpenCV、NumPy、Pillow库为例简要说明。

7.3.1　OpenCV色彩空间类型转换

1. OpenCV色彩空间类型转换函数

在OpanCV中，cv2.vctColor()函数用于实现色彩空间转换，其一般格式为：

dst = cv2.cvtColor(src, code[, dstcn])

其中：

- dst：表示与输入值具有相同类型和深度的输出图像。
- src：表示原始输入图像。
- code：是色彩空间转换码。
- dstcn：表示目标图像的通道数。

常用色彩空间转换码见表7-2。

表7-2　常用色彩空间转换码

转换码	解释
cv2.cnColor_ BGR2RGB	BGR色彩空间转RGB色彩空间
cv2.cnColor_ BGR2GRAY	BGR色彩空间转GRAY色彩空间
cv2.cvnColor_ BGR2HSV	BGR色彩空间转HSV色彩空间
cv2.cvtColor_ BGR2YCrCb	BGR色彩空间转YCrCb色彩空间
cv2.cvtColor BGR2HLS	BGR色彩空间转HLS色彩空间

扫码观看视频

2. OpenCV实现RGB与灰度空间转换

直接参照表7-2所示的色彩空间转化码将RGB图像转换为灰度或其他模式的图像,代码如下:

```
1.  import cv2 as cv                                           #导入cv2模块
2.  image = cv.imread("D:/pic/lena.jpg")                       #读取lena图像
3.  img_gray_cv = cv.cvtColor(image, cv.COLOR_BGR2GRAY)        #RGB转灰度模式
4.  img_hsv_cv = cv.cvtColor(image, cv.COLOR_BGR2HSV)          #RGB转HSV模式
5.  cv.imshow("image", image)
6.  cv.imshow("img_GRAY_By_OpenCV", img_gray_cv)
7.  cv.imshow("img_HSV_By_OpenCV", img_hsv_cv)
8.  cv.waitKey()
9.  cv.destroyAllWindows()
```

程序运行结果如图7-8所示。

a)原始图像　　　　　　b)GRAY色彩空间的图像　　　　　　c)HSV色彩空间的图像

图7-8　色彩转换程序运行结果

7.3.2 NumPy色彩空间类型转换

1. NumPy色彩空间类型转换原理

除了可以使用OpenCV完成图像的处理和色彩转换外,Python中还有很多的处理库可以完成这一功能。NumPy(Numerical Python)是Python语言的一个扩展程序库,支持多维数组与矩阵运算。此外,也针对数组运算提供大量的数学函数库。一张图片就是一个简单的NumPy数组,图像在计算机中的存储,本质就是一个个由像素点构成的数组。图片色彩空间的转换,其实就是对这些数据进行计算和处理,再生成新数组的过程。

以RGB图像转换为灰度图像为例来说明,灰度化的主旨就是将三通道的色彩转换为一通道的。最常见的是加权平均灰度处理。得知公式之后,可以直接使用算法将每个像素点的彩色值转换为灰度值。

常用的转换公式见表7-3。

表7-3 RGB图像转换为灰度图像的常用公式

算 法 名 称	转 换 公 式
最大值灰度处理	gray=max(R, G, B)
浮点灰度处理	gray = 0.3 R + 0.59 G + 0.11 B
整数灰度处理	gray = (30R+59G+11B)/100
移位灰度处理	gray = (28R+151G+77B)>>8
平均灰度处理	gray = (R, G, B)/3
加权平均灰度处理	gray = 0.299R+0.5877G+0.144B

2. NumPy库实现RGB与灰度空间转换

在开始实现RGB与灰度空间转换之前，需要通过安装指令对NumPy库进行安装，安装指令如下：

```
pip install numpy
```

代码实现如下：

```
1.  import numpy as np                           #导入NumPy库
2.  import cv2 as cv                             #导入cv2模块
3.  image = cv.imread("D:/pic/lena.jpg")         #读取lena图像
4.  height,width,channle = image.shape           #输出图像的大小属性
5.  img_gray_np = np.zeros((height, width, 3), np.uint8)
6.  for i in range(height):                      #遍历所有像素点并进行加权处理，生成新的像素矩阵
7.      for j in range(width):
8.          #使用灰度加权平均法获得每个像素点的灰度值
9.          gray = 0.30 * image[i, j][0] + 0.59 * image[i,j][1] + 0.11 * image[i, j][2]
10.         img_gray_np[i, j] = np.uint8(gray)
11. cv.imshow("image", image)
12. cv.imshow("img_GRAY_By_numpy", img_gray_np)
13. cv.waitKey()
14. cv.destroyAllWindows()
```

以上程序中，通过import numpy as np语句导入NumPy库，记作别名np。img_gray_np = np.zeros((height, width, 3), np.uint8)语句可创建与原图相同形状和类型（uint8）的数组，将其存入img_gray_np，用0将img_gray_np数组填充，即创建一个与原图相同形状的黑色图像。参数(height, width, 3)中的height和width通过image.shape()方法获取，uint8表示类型。利用for循环嵌套遍历每一个像素点，采用灰度加权平均算法公式将灰度像素值写入img_gray_np，从而获得灰度图像。程序运行结果如图7-9所示。

a）原始图像　　　　　　　　　b）NumPy灰度图像

图7-9　NumPy图像灰度化程序运行结果

7.3.3　Pillow色彩空间类型转换

Pillow是基于PIL（Python Imaging Library，图像处理库）模块的一个派生分支，但如今已经发展为比PIL本身更具活力的图像处理库。

Pillow库的安装指令：pip install Pillow。

Pillow库的导入方法：from PIL import Image。

使用Pillow库打开、保存、显示图片。代码如下：

```
1. from PIL import Image
2. image = Image.open("D:/pic/lena.jpg")
3. image.show()
4. image.save('1.jpg')
5. print(image.mode, image.size, image.format)
```

程序分析：Pillow库导入包的写法依然是from PIL import Image，使用Image.open()创建图像实例，该方法传入包含图片名称的图片路径；show()方法可使用系统默认图片查看器显示图像，一般用于调试；save()方法用于保存图片，一般传入保存后的图片名称；实例属性format表示图像格式，size表示图像的(宽,高)元组，mode表示模式，Pillow库mode模式见表7-4。

运行程序后，控制栏输出结果为"RGB(304,304)JPEG"，并显示图片，在程序当前路径下新增了"1.jpg"的图片。

表7-4　Pillow库mode模式

mode	描述
1	1位像素（取值为0或1），0表示黑，1表示白，单色通道
L	8位像素（取值范围为0~255），灰度图，单色通道

（续）

mode	描述
P	8位像素，使用调色板映射到任何其他模式，单色通道
RGB	3×8位像素，真彩色，三色通道，每个通道的取值范围为0～255
RGBA	4×8位像素，真彩色+透明通道，四色通道
CMYK	4×8位像素，四色通道，可以适用于打印图片
YCbCr	3×8位像素，彩色视频格式，三色通道
LAB	3×8位像素，L*a*b颜色空间，三色通道
HSV	3×8位像素，色相、饱和度、值颜色空间，三色通道
I	32位有符号整数像素，单色通道
F	32位浮点像素，单色通道

Pillow库的色彩空间变换可以使用convert()方法实现。将一个RGB图片转换为灰度图片的代码实现如下：

```
1. from PIL import Image
2. image = Image.open("D:/pic/lena.jpg")
3. image_gray = image.convert("L")
4. image.show()
5. image_gray.show()
```

程序运行结果如图7-10所示。

a）原始图像

b）Pillow灰度图像

图7-10　Pillow图像灰度化程序运行结果

Pillow库可实现其支持的模式与"1"和"RGB"模式之间的转换。要在其他模式之间转换，可能需要使用中间图像（通常是RGB图像）。

7.3.4　图像二值化

图像二值化是将一幅灰度图像转换为黑白二值图像的过程。其基本原理是，将图像中的灰度级别进行分类，分为两个区域，其中一个区域的灰度值被赋为黑色，另一个区域则被赋为白色。二值化的应用非常广泛，常用于图像处理、计算机视觉、模式识别等领域，这里仅以OpenCV和Pillow库对图片二值化的处理为例进行讲解。

（1）OpenCV库实现灰度图像转换为二值图像

图像转换成二值图像，就是把图像转换成黑、白两种颜色的过程，一般是在灰度图像的基础上进行二值处理。OpenCV库中提供了cv.threshold()方法，通过设置阈值的方式，将大于或者小于该阈值的像素分别设置成0或者1，从而实现二值化的目的。

（2）OpenCV阈值函数cv2.threshold()

OpenCV 3.x版本中提供了cv2.threshold()函数进行阈值化处理，其一般格式为：

ret, dst = cv2.threshold (src, thresh, maxva1, type)

其中：

- ret表示返回的阈值。

- dst表示输出的图像。

- src表示要进行阈值分割的图像，可以是多通道的图像。

- thresh表示设定的阈值。

- maxval表示type参数为THRESH_BINARY或THRESH_BINARY_INV类型时所设定的最大值。在显示二值化图像时，一般设置为255。

- type表示阈值分割的类型。

阈值类型和说明见表7-5。

表7-5 阈值类型和说明

阈 值 类 型	说　　明
cv2.THRESH_BINARY	当像素值＞阈值时，为默认值；否则为0
cv2.THRESH_BINARY_INV	与cv2.THRESH_BINARY相反
cv2.THRESH_TRUNC	当像素值＞阈值时，为默认值；否则为原图片值
cv2.THRESH_TOZERO	当像素值＞阈值时，为原图片值；否则为0
cv2.THRESH_TOZERO_INV	与cv2.THRESH_TOZERO相反

OpenCV使用cv2.threshold()函数进行图片二值化，代码实现如下：

```
1. import cv2 as cv                                          #导入cv2模块
2. image = cv.imread("D:/pic/lena.jpg")                      #读取lena图像
3. img_gray_cv = cv.cvtColor(image, cv.COLOR_BGR2GRAY)       #RGB图像转为灰度图像
4. #灰度图像转为二值图像
5. ret, img_bin = cv.threshold(img_gray_cv, 100, 255, cv.THRESH_BINARY)
```

6. cv.imshow("img_GRAY_By_OpenCV", img_gray_cv)
7. cv.imshow("img_Bin_By_OpenCV", img_bin)
8. cv.waitKey()
9. cv.destroyAllWindows()

通过调试cv2.threshold()中thresh阈值的大小可以观察图像二值化的效果变化。程序运行结果如图7-11所示。

a）OpenCV灰度图像　　　　　　　　　b）OpenCV二值图像

图7-11　OpenCV灰度图像及二值图像

（3）Pillow库实现灰度图像转换为二值图像

Pillow可以通过Image.convert(mode)函数完成灰度图像转换为二值图像，其中，mode表示输出的颜色模式，例如，"L"表示灰度模式，"1"表示二值图模式等。但是利用convert()函数将灰度图像转换为二值图像时，是采用固定的阈值127来实现的，即灰度高于127的像素值为1，而灰度低于127的像素值为0。为了能够通过自定义的阈值实现灰度图像到二值图像的转换，就要用到Image.point()函数。

Image.point()函数有多种形式，这里只介绍Image.point(table, mode)，该函数可以通过查表的方式实现像素颜色的模式转换。其中，table为颜色转换过程中的映射表，每个颜色通道都有256个元素，而mode表示所输出的颜色模式，同样的，"L"表示灰度模式，"1"表示二值图模式。转换过程的关键在于设计映射表，这里的table并没有什么特殊要求，将小于阈值的置0，将大于阈值的置1，所以可以通过对元素的特殊设定实现(0, 255)范围内任意值的一对一映射关系。

代码实现如下：

1. from PIL import Image
2. image = Image.open("D:/pic/lena.jpg")
3. image_gray = image.convert("L")　　#RGB图像转为灰度图像
4. threshold = 100　　　　　　　　　　#自定义阈值

```
5.   table = []
6.   for i in range(256):
7.       if i < threshold:
8.           table.append(0)
9.       else:
10.          table.append(1)
11.  photo = image_gray.point(table, '1')    #像素模式转换
12.  photo.save("image_bin.jpg")              #保存二值图像
```

运行以上程序，在文件目录下生成阈值定义为100时的二值图像，图像名称为"image_bin.jpg"，可尝试修改threshold值的大小，观察二值效果。

7.4　图像滤波与轮廓检测

7.4.1　高斯滤波

图像滤波是图像处理和计算机视觉中最常用、最基本的操作。实际环境中，图像基本上都包含不同程度的噪声，可以将这种噪声理解为一种或者多种原因造成的灰度值的随机变化。图像的滤波处理就是在保留原有图像信息的条件下过滤掉图像内部的噪声。这里以高斯滤波为例具体阐述滤波过程和原理。

（1）高斯滤波原理与过程

滤波操作会将图像中与周围像素点的像素值差异较大的像素点进行处理，将该点的值调整为周围像素点像素值的近似值。定义一个N×N的矩阵，分别按照一定的算法与像素值进行运算，得到图像平滑的结果，如图7-12所示。

125	123	118	116	120
123	118	124	120	119
117	120	56	119	120
118	121	119	125	115
113	117	118	122	116

图7-12　一幅图像的像素值

在图7-12中，位于第3行第3列的像素点与周围像素点的值的大小存在明显差异。这种情况的像素值反映在图像上就是该点周围的像素点都是灰度点，而该点的颜色较深，是一个黑色点。图像的滤波可以表示为以该点为中心选取周围的像素点，按照一定的算法进行计算，得到新的像素值代替该点的像素值。

在高斯滤波中，卷积核中的值按照距离中心点的远近分别赋予不同的权重，图7-13所示为一个3×3的卷积核。

0.05	0.10	0.05
0.10	0.40	0.10
0.05	0.10	0.05

图7-13　一个高斯卷积核

在定义卷积核时需要注意的是，如果采用小数定义权重，其各个权重的累加值要等于1。

下面使用图7-13所示的卷积核对图7-12中位于第3行第3列的像素点进行计算，计算过程如下：

```
new = 118*0.05 + 124*0.10 + 120*0.05
    +120*0.05 + 56*0.40 + 119*0.10
    +121*0.05 + 119*0.10 + 125*0.05 ≈89
```

可以看出，像素值89相对于56更接近周围的像素值。在实际处理过程中，卷积核一般是归一化处理的，比如图7-13所示的卷积核。

（2）Python实现高斯滤波

OpenCV中提供了cv2.GassianBlur()函数来实现图像的高斯滤波。其一般格式为：

dst = cv2.GassianBlur(src, ksize, sigmaX, sigmaY, borderType)

其中：

- dst表示返回的高斯滤波处理结果。
- src表示原始图像，该图像不限制通道数目。
- ksize表示滤波卷积核大小，需要注意的是，滤波卷积核的数值必须是奇数。
- sigmaX表示卷积核在水平方向上的权重值。
- sigmaY表示卷积核在水平方向上的权重值。如果sigmaY被设置为0，则通过sigmaX的值得到；但是如果两者都为0，则通过如下方式计算得到：

sigmaX = 0.3*[(ksize.width−1)*0.5−1] + 0.8
sigmaY = 0.3*[(ksize.height−1)*0.5−1] + 0.8

- borderType表示以哪种方式处理边界值。

下面介绍一个实例观察高斯滤波效果。对图像进行高斯滤波操作，观察滤波效果。

代码如下：

```
1.  import cv2 as cv                              #导入cv2模块
2.  image = cv.imread("D:/pic/gauss.jpg")         #读取图像
3.  cv.imshow("image", image)                     #显示原图
4.  #定义卷积和为5*5，采用自动计算权重的方式实现高斯滤波
5.  gauss = cv.GaussianBlur(image, (5, 5), 0, 0)
6.  cv.imshow("gaussBlur", gauss)                 #显示滤波后的图像
7.  cv.waitKey()
8.  cv.destroyAllWindows()
```

原始图像及高斯滤波后的图像如图7-14所示。可以看出，相对于图7-14a，图7-14b的噪声得到了明显的抑制，但是图像也变得比较模糊，这正是高斯滤波也被称为高斯模糊的原因。

a）原始图像　　　　　　　　　　　b）高斯滤波后的图像

图7-14　原始图像及高斯滤波后的图像

7.4.2　均值滤波

均值滤波与高斯滤波略有不同，一般用当前像素点周围 $N×N$ 个像素值的均值来代替当前像素值。使用该方法遍历处理图像内的每一个像素点，即可完成整幅图像的均值滤波。

（1）均值滤波原理简介

在均值滤波中，首先考虑的是要对中心周围的多少像素取平均值。一般而言，会选取行列数相等的卷积核进行均值滤波。另外，在均值滤波中，卷积核中的权重是相等的，图7-15所示为均值滤波的3×3的卷积核。

1	1	1
1	1	1
1	1	1

图7-15　一个均值滤波卷积核

下面使用图7-15所示的卷积核对图7-12中位于第3行第3列的像素点进行计算，计算过程如下：

new=(118+124+120+120+56+119+121+119+125)/9 = 114

可以看出，像素值114相对于56更接近周围的像素值。一般来说，选取的卷积核越大，图像的失真情况就越严重。

（2）Python实现均值滤波

OpenCV中提供了cv2.blur()函数来实现图像的均值滤波。其一般格式为：

dst = cv2.blur(src, ksize, anchor, borderType)

其中：

- dst表示返回的均值滤波处理结果。
- src表示原始图像，该图像不限制通道数目。
- ksize表示滤波卷积核的大小。
- anchor表示图像处理的锚点，其默认值为(-1,-1)，表示位于卷积核中心点。
- borderType表示以哪种方式处理边界值。

通常情况下，在使用均值滤波时，anchor和borderType参数直接使用默认值即可。下面通过一个实例来观察均值滤波效果。

使用不同大小的卷积核对图像进行均值滤波，观察滤波效果。代码如下：

```
1.  import cv2 as cv                        #导入cv2模块
2.  image = cv.imread("D:/pic/gauss.jpg")   #读取图像
3.  means5 = cv.blur(image, (5, 5))         #定义卷积和为5*5，实现均值滤波
4.  means10 = cv.blur(image, (10, 10))      #定义卷积和为10*10,实现均值滤波
5.  means20 = cv.blur(image, (20, 20))      #定义卷积和为20*20，实现均值滤波
6.  cv.imshow("image", image)               #显示原图
7.  #显示滤波后的图像
8.  cv.imshow("means5", means5)
9.  cv.imshow("means10", means10)
10. cv.imshow("means20", means20)
11. cv.waitKey()
12. cv.destroyAllWindows()
```

原始图像与均值滤波程序运行后结果如图7-16所示。

a）原始图像

b）ksize=5

c）ksize=10

d）ksize=20

图7-16　原始图像与均值滤波程序运行结果

在图7-16中，图7-16a是原始图像，图7-16b是在卷积核大小为5×5时的滤波图像，图7-16c是在卷积核大小为10×10时的滤波图像，图7-16d是卷积核大小为20×20时的滤波图像。可以看出，随着卷积核的增大，图像的失真情况越来越严重。

7.4.3 Canny边缘检测

Canny边缘检测是一种十分流行的边缘检测算法,它使用了一种多级边缘检测算法,可以更好地检测出图像的边缘信息。

1. 原理简介

Canny边缘检测近似算法的步骤如下:

1)去噪。过滤图像的噪声,可以提升边缘检测的准确性。

2)计算梯度的幅度与方向。

3)非极大值抑制。

4)确定边缘信息。

下面针对Canny边缘检测的步骤进行详细说明。

1)应用高斯滤波去除图像的噪声。噪声对图像的边缘信息影响比较大,所以一般需要对图像非边缘区域的噪声进行平滑处理。

2)采用Sobel算子计算图像边缘的幅度。图像矩阵Ⅰ分别与水平方向上的卷积核sobel和垂直方向上的卷积核sobel卷积,得到dx和dy,然后利用平方和的开方magnitude=$\sqrt{dx^2+dy^2}$得到边缘强度。

之后利用计算出的dx和dy,计算出梯度方向angle=arctan2(dy,dx)。

3)在获得梯度的幅度与方向后,对每一个位置进行非极大值抑制的处理。具体方法为逐一遍历像素点,判断当前像素点是否为周围像素点中具有相同梯度方向上的最大值。如果该点是极大值,则保留该点,否则将其归零。这种操作可以实现边缘信息的细化。

4)双阈值的滞后阈值处理。对经过第三步非极大值抑制处理后的边缘强度图进行阈值化处理,常用的方法是全局阈值分割和局部自适应阈值分割。这里介绍另一种方法——滞后阈值处理,它使用高阈值和低阈值两个阈值,按照以下3个规则进行边缘的阈值化处理。

① 边缘强度大于高阈值的那些点作为确定边缘点。

② 边缘强度比低阈值小的那些点立即被剔除。

③ 边缘强度在低阈值和高阈值之间的那些点,按照以下原则进行处理:只有这些点能按某一路径与确定边缘点相连时,才可以作为边缘点被接受。而组成这一路径的所有点的边缘强度都比低阈值要大。

换句话说,就是首先选定边缘强度大于高阈值的所有确定边缘点,然后在边缘强度大于低阈值的情况下尽可能延长边缘。

2. 边缘检测

OpenCV中提供了cv2.Canny()函数来实现对图像的Canny边缘检测,其一般格式为:

edg=cv2.Canny(src, threshould1, threshould2[, apertureSize[, L2gradient]])

其中：

- edg表示计算得到的边缘信息。
- src表示输入的8位图像。
- threshould1表示第一个阈值。
- threshould2表示第二个阈值。
- apertureSize表示Sobel算子的大小。
- L2gradient表示计算图像梯度幅度的标识，默认为False。

下面来看一个Canny边缘检测的实例。

对一幅图像进行Canny边缘检测，观察效果。代码如下：

```
1.  import cv2 as cv                      #导入cv2模块
2.  image = cv.imread("D:/pic/gray.jpg")  #读取图像
3.  #设置不同的阈值信息对图像进行Canny边缘检测
4.  edg1 = cv.Canny(image, 30, 100)
5.  edg2 = cv. Canny(image, 100, 200)
6.  edg3 = cv.Canny(image, 200, 255)
7.  #显示图像
8.  cv.imshow("image", image )
9.  cv.imshow("edg1", edg1)
10. cv.imshow("edg2", edg2)
11. cv.imshow("edg3", edg3)
12. cv.waitKey()
13. cv.destroyAllWindows()
```

原始图像与图像边缘检测程序运行结果如图7-17所示。

a）原始图像

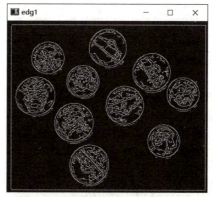
b）Canny边缘检测1

图7-17　原始图像与图像边缘检测程序运行结果

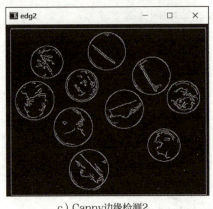 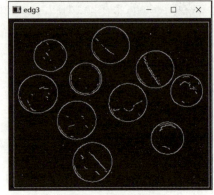

c）Canny边缘检测2　　　　　　　　　　d）Canny边缘检测3

图7-17　原始图像与图像边缘检测程序运行结果（续）

在图7-17中，图7-17a是原始图像；图7-17b是阈值组合为(30, 100)的检测结果；图7-17c是阈值组合为(100, 200)的检测结果；图7-17d是阈值组合为(200, 255)的检测结果。对比图7-17b、图7-17c和图7-17d可以看出，当阈值较大时，可以获得更多的边缘信息。

7.4.4　OpenCV中轮廓的查找与绘制

上一小节已经介绍了如何对图像进行Canny边缘检测，但是边缘检测只能检测出图像边缘信息，并不能得到一幅图像的整体信息，而图像轮廓是指将边缘信息连接起来形成的一个整体。图像轮廓是图像中非常重要的一个特征，通过对图像轮廓进行操作，获取目标图像的大小、位置和方向等信息。

1. 查找轮廓

图像的轮廓由一系列的点组成，这些点以某种方式表示图像中的一条曲线。所以，图像轮廓的绘制就是将检测到的边缘信息和图像的前景信息进行拟合，从而得到图像的轮廓。

OpenCV中提供了cv2.findContours()和cv2.drawContours()函数来实现对图像轮廓的查找与绘制。cv2.findContours()函数的一般格式为：

```
image, contours, hierarchy = cv2.findContours(image, mode, method)
```

其中：

- image表示8位单通道原始图像。
- contours表示返回的轮廓。
- hierarchy表示轮廓的层次信息。
- mode表示轮廓检索模式。
- method表示轮廓的近似方法。

其中，mode参数有以下几种形式：

1）cv2.RETR_LIST：检测的轮廓不建立等级关系。

2）cv2.RETR_TREE：建立一个等级树结构的轮廓。

3）cv2.RETR_CCOMP：建立两个等级的轮廓，上面的一层为外边界，里面的一层为内孔的边界信息。

4）cv2.RETR_EXTERNAL：表示只检测外轮廓。

method参数有以下几种形式：

1）cv2.CHAIN_APPROX_NONE存储所有的轮廓点，相邻的两个点的像素位置差不超过1，即max(abs(x1-x2),abs(y2-y1))==1。

2）cv2.CHAIN_APPROX_SIMPLE压缩水平方向、垂直方向、对角线方向的元素，只保留该方向的终点坐标。例如，一个矩形轮廓只需4个点来保存轮廓信息。

3）cv2.CHAIN_APPROX_TC89_L1,CV_CHAIN_APPROX_TC89_KCOS使用teh-Chinl chain近似算法。

cv2.drawContours()函数的一般格式为：

```
image=cv2.drawContours(image, contours, contourIdx, color[, thickness[, lineType[, hierarchy[, maxLevel[, offset]]]]])
```

其中：

- image表示待绘制轮廓的图像。
- contours表示需要绘制的轮廓。
- contourIdx表示需要绘制的边缘索引。
- color表示绘制的轮廓颜色。
- thickness表示绘制轮廓的粗细。
- lineType表示绘制轮廓所选用的线型。
- hierarchy对应cv2.findContours()函数中同样参数的信息。
- maxLevel控制所绘制轮廓层次的深度。
- offset表示轮廓的偏移程度。

2. 绘制轮廓

图像轮廓的绘制需要将输入的图片先进行灰度处理，再转成二值图像，进而通过调用cv2.findContours()函数查找轮廓，再使用cv2.drawContours()函数画出轮廓。

绘制一幅图像内的轮廓。代码如下：

```
1.  import cv2 as cv                                          #导入cv2模块
2.  image = cv.imread("D:/pic/test.jpg")                      #读取图像
3.  imgGray = cv.cvtColor(image, cv.COLOR_RGB2GRAY)           #转为灰度图像
4.  cv.imshow("imageGray", imgGray)
5.  cv.imshow("image", image)                                 #显示原始图像
6.  #对灰度图像进行二值化阈值处理
7.  ret, binary = cv.threshold(imgGray, 125, 255, cv.THRESH_BINARY)
8.  cv.imshow("binary", binary)
9.  #查找图像中的轮廓信息
10. contours, hierarchy=
11. cv.findContours(binary, cv.RETR_TREE, cv.CHAIN_APPROX_SIMPLE)
12. #绘制图像中的轮廓
13. image = cv.drawContours(image, contours, -1, (0, 0, 255), 3)
14. #显示绘制结果
15. cv.imshow("result", image)
16. #观察轮廓的属性
17. print("轮廓类型: ", type(contours))
18. print("轮廓个数: ", len(contours))
19. cv.waitKey()
20. cv.destroyAllWindows()
```

原始图像、图像轮廓结果及轮廓信息如图7-18所示。

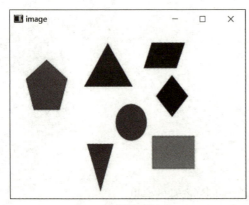
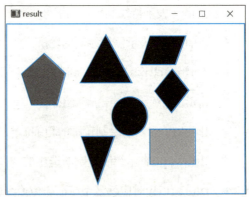

a）原始图像　　　　　　　　　　　b）图像轮廓结果

轮廓类型：　<class 'tuple'>
轮廓个数：　8

c）轮廓信息

图7-18　原始图像、图像轮廓结果及轮廓信息

在图7-18中，图7-18a是原始图像；图7-18b是绘制图7-18a中轮廓的结果；图7-18c是轮廓的信息。可以看出，图像检测的内外轮廓共有8个轮廓信息，类型是tuple。为了观察轮廓绘制效果，请上机测试。

3. 绘制文字

OpenCV提供了cv2.putText()函数，用于在图形上绘制文字，其一般格式为：

image = cv2.putText(image, text, org, fontFace, fontScale, color[, thickness[, lineType[, bottomLeftOrigin]]])

其中：

- image表示绘制的载体图像。
- text表示要绘制的字体。
- org表示绘制字体的位置。
- fontFace表示字体类型。
- fontScale表示字体大小。
- color表示绘制文字的线条的颜色。
- thickness表示绘制文字的线条的粗细。
- lineType表示绘制文字的线条的类型。
- bottomLeftOrigin表示文字的方向。

在一幅图像中的绘制文字。代码如下：

```
1.  import cv2 as cv                              #导入cv2模块
2.  image = cv.imread("D:/pic/test.jpg")          #读取图像
3.  cv.putText(image, "Hello world", (0, 200), cv.FONT_HERSHEY_COMPLEX, 1, (0, 255, 0), 5, bottomLeftOrigin=False)
4.  cv.imshow("image", image)
5.  cv.waitKey()
6.  cv.destroyAllWindows()
```

程序运行结果如图7-19所示。

7.4.5 OpenCV中轮廓的周长与面积

在OpenCV中，查找并绘制出图像的轮廓后，可以通过cv2.arcLength()函数和cv2.contourArea()函数计算轮廓的周长与面积。

函数cv2.arcLength()可以用于计算轮廓的长度，其一般格式为：

ret = cv2.arcLength(contour, booled)

函数cv2.contourArea()函数可以用于计算轮廓的面积，其一般格式为：

图7-19　程序运行结果

```
ret = cv2.contourArea(contour[, booled])
```

cv2.arcLength()和cv2.contourArea()函数中：

- ret表示返回的轮廓周长/面积。
- contour表示输入的轮廓。
- booled表示轮廓的封闭性。

计算并显示一幅图像中的轮廓长度和面积。代码如下：

```
1.  import cv2 as cv                                              #导入cv2模块
2.  image = cv.imread("D:/pic/test.jpg")                          #读取图像
3.  imgGray = cv.cvtColor(image, cv.COLOR_RGB2GRAY)               #转为灰度图像
4.  #对灰度图像进行二值化阈值处理
5.  ret, binary = cv.threshold(imgGray, 127, 255, cv.THRESH_BINARY)
6.  cv.imshow("image", image)
7.  #查找轮廓
8.  contours, hierarchy= cv.findContours(binary, cv.RETR_LIST, cv.CHAIN_APPROX_SIMPLE)
9.  n =len(contours )
10. cntLen = []                                                   #存储各个轮廓长度
11. cntArea = []                                                  #存储各个轮廓面积
12. for i in range(n):
13.     cntLen.append(cv.arcLength(contours[i], True))
14.     cntArea.append(cv.contourArea(contours[i]))
15.     print("第"+str(i+1)+ "个轮廓长度是：%d" % cntLen[i]+ " 面积是：%d" % cntArea[i])
16. cv.waitKey()
17. cv.destroyAllWindows()
```

原始图像与轮廓信息如图7-20所示。

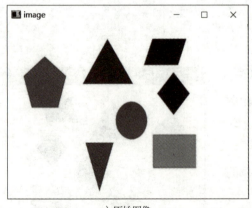

a）原始图像　　　　　　　　　　　b）轮廓信息

图7-20　原始图像与轮廓信息

图7-20中，图7-20a是原始图像，有7个图形，但图片本身自带边框，图片外边缘轮廓被检测出来，所以图7-20b共显示了8个轮廓信息，长度和面积的最大边框为外边框。

7.5 嵌入式技能竞赛任务：图形形状识别

7.5.1 任务描述

嵌入式技术应用开发（Embedded Technology and Application Development）全国职业院校技能大赛赛项规程明确阐述了该赛项涵盖的知识点（与本课程相关的），包括自动识别技术、嵌入式视觉识别技术、传感器检测技术、无线通信与组网技术、嵌入式人工智能与边缘计算技术等。

任务具体描述：识别图形图片，获取图形形状信息，并按照指定格式将图形信息发送给指定显示标志物。图形类别统计信息格式：AaBbCc。其中，A代表矩形，a为矩形的数量（0~9）；B代表圆形，b为圆形的数量（0~9）；C代表三角形，c为三角形的数量（0~9）。

7.5.2 OpenCV图形形状识别任务实现

结合图像基本处理方法和轮廓检测法，对图像中的图形进行轮廓检测，并获取轮廓的角点坐标，通过角点坐标的数量来简单区别图形形状。对于圆形的检测，这里引入了CV2中的霍夫圆检测法。使用cv2.HoughCircles()函数实现霍夫圆检测，其一般格式为：

```
circles=cv2.HoughCircles(image, method, dp, minDist, p1, p2, minRadius, maxRadius)
```

其中：

- circles表示函数的返回值，是检测到的圆形参数。
- image表示输入的8位单通道灰度图像。
- method表示检测方法。
- dp表示累积器的分辨率，用来指定图像分辨率与圆心累加器分辨率比例。
- minDist表示圆心间的最小间距，一般作为阈值使用。
- p1表示Canny边缘检测器的高阈值，低阈值是高阈值的一半。
- p2表示圆心位置必须收到的投票数。
- minRadius和maxRadius表示所接收圆的最小半径和最大半径。

注意，在调用函数cv2.HoughCircles()之前，为了减少图像中的噪声，避免发生误判，一般需要对原始图像进行平滑操作。

结合任务要求，完成矩形、三角形、圆形的检测。代码实现如下：

```
1. import cv2 as cv
2. import numpy as np
3. #定义形状检测函数
```

```
4.  def ShapeDetection(image):
5.      a = 0
6.      c = 0
7.      #寻找轮廓点
8.      contours,hierarchy=cv.findContours(image, cv.RETR_EXTERNAL, cv.CHAIN_APPROX_NONE)
9.      for obj in contours:
10.         cv.drawContours(imgContour, obj, -1, (255, 0, 0), 4)   #绘制轮廓线
11.         perimeter = cv.arcLength(obj, True)                    #计算轮廓周长
12.         approx = cv.approxPolyDP(obj, 0.02*perimeter, True)    #获取角点坐标
13.         CornerNum = len(approx)                                #轮廓角点的数量
14.         x, y, w, h = cv.boundingRect(approx)                   #获取坐标值和宽度、高度
15.         # 轮廓对象分类
16.         if CornerNum ==3:
17.             c += 1
18.             objType ="triangle"
19.         elif CornerNum == 4:
20.             a += 1
21.             if w==h:
22.                 objType= "Square"
23.             else:
24.                 objType="Rectangle"
25.         else:
26.             objType=" "
27.         cv.rectangle(imgContour, (x, y), (x+w, y+h), (0, 0, 255), 2)   #绘制边界框
28.         cv.putText(imgContour, objType, (x+(w//2), y+(h//2)), cv.FONT_HERSHEY_COMPLEX, 0.6, (0, 0, 0), 1)   #绘制文字
29.     dicresult["A"] = a
30.     dicresult["C"] = c
31. # 霍夫圆检测
32. def circleDetection(iamge):
33.     gray_img = cv.cvtColor(iamge, cv.COLOR_BGR2GRAY)
34.     img = cv.medianBlur(gray_img, 5)                  # 进行中值滤波
35.     circles = cv.HoughCircles(img, cv.HOUGH_GRADIENT, 1, 20, param1=50, param2=35, minRadius=0, maxRadius=0)
36.     circles = np.uint16(np.around(circles))           # 对数据进行四舍五入，变为整数
37.     for i in circles[0, :]:
38.         cv.circle(imgContour, (i[0], i[1]), i[2], (0, 0, 0), 2)     # 画出圆的边界
39.         cv.circle(imgContour, (i[0], i[1]), 2, (0, 255, 255), 3)    # 画出圆心
40.         cv.putText(imgContour, "circle", (i[0], i[1]), cv.FONT_HERSHEY_COMPLEX, 0.6, (0, 0, 0), 1)
41.     b = len(circles)
42.     dicresult["B"] = b
43. if __name__ == '__main__':
44.     path = "D:/pic/testShape.jpg"
45.     img = cv.imread(path)
46.     imgContour = img.copy()
47.     dicresult = {}
48.     imgGray = cv.cvtColor(img,cv.COLOR_RGB2GRAY)       #转灰度图像
```

```
49.    imgBlur = cv.GaussianBlur(imgGray, (5, 5), 1)      #高斯模糊
50.    imgCanny = cv.Canny(imgBlur, 60, 60)               #Canny算子边缘检测
51.    ShapeDetection(imgCanny)                           #形状检测
52.    circleDetection(img)                               #霍夫圆检测
53.    cv.imshow("Original img", img)
54.    cv.imshow("imgGray", imgGray)
55.    cv.imshow("imgBlur", imgBlur)
56.    cv.imshow("imgCanny", imgCanny)
57.    cv.imshow("shape Detection", imgContour)
58.    print(dicresult)
59.    cv.waitKey(0)
60.    cv.destroyAllWindows()
```

原始图像与程序运行结果如图7-21所示。

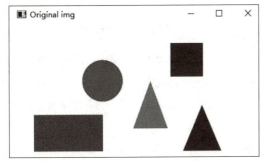
a）原始图像

b）灰度图像

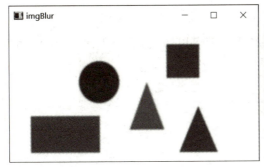
c）高斯滤波图像

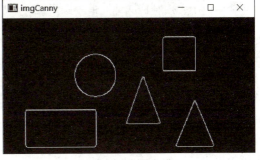
d）Canny边缘检测图像

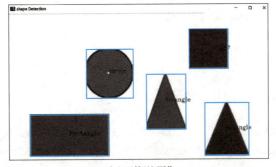
e）识别标注图像

图7-21 原始图像与程序运行结果

程序控制台输出结果为{'A':2，'C':2，'B':1}，结果以字典形式输出并显示。

7.5.3 OpenMV图形形状识别任务实现

1. 圆形识别

在OpenMV官方提供的资料手册中可以查看到，圆形识别find_circles()函数使用霍夫变换在图像中查找圆。其格式为：

扫码观看视频

> image.find_circles([roi, x_stride=2[, y_stride=1[, threshold=2000[, x_margin=10[, y_margin=10[, r_margin=10[, r_min=2[, r_max[, r_step=2]]]]]]]]])

其中：

- roi是一个用以复制的矩形的感兴趣区域(x, y, w, h)。如果未指定，那么roi即图像矩形。操作范围仅限于roi区域内的像素。

- x_stride是霍夫变换时需要跳过的x像素的数量。若已知圆较大，则可增加x_stride。

- y_stride是霍夫变换时需要跳过的y像素的数量。若已知圆较大，则可增加 y_stride。

- threshold控制从霍夫变换中检测到的圆，只返回大于或等于threshold的圆。应用程序正确的threshold值取决于图像。注意：一个圆的大小（magnitude）是组成圆所有索贝尔（Sobel）滤波像素大小的总和。

- x_margin、y_margin、r_margin控制所检测的圆的合并。圆像素为x_margin、y_margin和r_margin的部分合并。

- r_min控制检测到的最小圆半径。增加此值可以加速算法。默认为2。

- r_max控制检测到的最大圆半径。减少此值可以加快算法。默认为min(roi.w/2, roi.h/2)。

- r_step控制如何逐步检测半径。默认为2。

识别图像中的圆，代码如下：

```
1.  import sensor, image, time

2.  sensor.reset()
3.  sensor.set_pixformat(sensor.RGB565)          # 设置彩色像素格式
4.  sensor.set_framesize(sensor.QQVGA)
5.  sensor.skip_frames(time = 2000)
6.  clock = time.clock()
7.  while(True):
8.      clock.tick()
9.      img = sensor.snapshot().lens_corr(1.8)   #如果采用的是无畸变镜头，则可以注释掉
10.     for c in img.find_circles(threshold =2000, x_margin =10, y_margin =10, r_margin =10, r_min =2, r_max =100, r_step =2):
11.         img.draw_circle(c.x(), c.y(), c.r(), color = (255, 0, 0))
```

12.　　　print(c)
13.　　print("FPS %f" % clock.fps())

程序运行结果如图7-22所示。

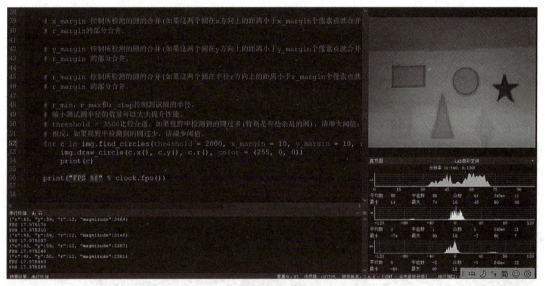

图7-22　find_circles()程序运行结果

2. 矩形识别

在OpenMV官方提供的资料手册中可以查看到，矩形识别find_rects()函数使用quad detection算法来查找图像中的矩形。其格式为：

扫码观看视频

image.find_rects([roi=Auto, threshold=10000])

其中：

● roi是一个用以复制的矩形的感兴趣区域(x, y, w, h)。如果未指定，那么roi即图像矩形。操作范围仅限于roi区域内的像素。

● threshold表示边界大小（在矩形边缘上的所有像素上滑动索贝尔算子并相加该值）小于threshold的矩形会从返回列表中过滤出来。threshold的正确值取决于应用程序/场景。

识别图像中的矩形，代码如下：

1. import sensor, image, time
2. sensor.reset()
3. #设置像素格式为彩色，若想处理更快，可设置为灰度格式，即sensor.GRAYSCAL
4. sensor.set_pixformat(sensor.RGB565)
5. sensor.set_framesize(sensor.QQVGA)#160 * 120
6. sensor.skip_frames(time = 2000)
7. clock = time.clock()

8.   while(True):
9.   clock.tick()
10.   img = sensor.snapshot()
11.   for rect in img.find_rects(roi=(80, 60, 80, 60), threshold = 20000):
12.   img.draw_rectangle(rect.rect(), color = (255, 0, 0))
13.   for p in rect.corners():
14.   img.draw_circle(p[0], p[1], 5, color = (0, 255, 0))   #在4个角上画圆
15.   print(rect)
16.   print("FPS %f" % clock.fps())

程序运行结果如图7-23所示。

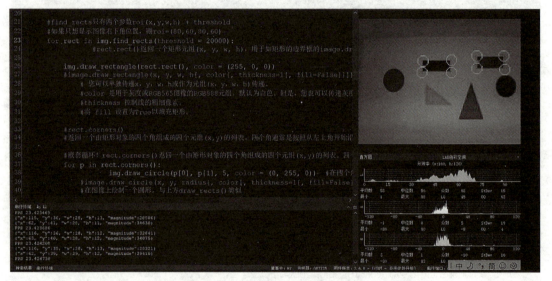

图7-23　find_rects()程序运行结果

3．色块识别

OpenMV里有现成的find_circles()、find_rects()等函数。圆形和矩形都是现成的，只是三角形比较麻烦，因此可以考虑以颜色为基础检测色块，再根据色块的大小进行形状判断。查找色块函数是find_blobs()，其格式原型为：

image.find_blobs(thresholds[, invert=False[, roi[, x_stride=2[, y_stride=1[, area_threshold=10[, pixels_threshold=10[, merge=False[, margin=0[, threshold_cb=None[, merge_cb=None[, x_hist_bins_max=0[, y_hist_bins_max=0]]]]]]]]]]]])

其中：

● roi 是一个用以复制的矩形的感兴趣区域(x, y, w, h)。如果未指定，那么roi即图像矩形。操作范围仅限于roi区域内的像素。

● threshold必须是元组列表。[(lo, hi), (lo, hi)，…，(lo, hi)]为要追踪的颜色范围。阈值可以通过OpenMV IDE自带工具进行查看，操作步骤为：工具→机器视觉→阈值编

辑器→帧缓冲区/图像文件，然后拖动各个滑块，将想要的色块变成白色，将其他区域变成黑色，然后复制LAB阈值即可使用。

- invert反转阈值操作，像素在已知颜色范围之外进行匹配，而不是在已知颜色范围内。

- x_stride/y_stride表示查找某色块时需要跳过的x像素或y像素的数量。

- merge若为True，则合并所有没有被过滤掉的色块，这些色块的边界矩形互相交错重叠。

- margin可在相交测试中增大或减少色块边界矩形的大小。

- threshold_cb可设置为用以调用阈值筛选后的每个色块的函数，以便将其从将要合并的色块列表中过滤出来。

- merge_cb可设置为用来调用两个即将合并的色块的函数，可以禁止或准许合并。回调函数将收到两个参数，即两个将被合并的色块对象。回调函数可返回True以合并色块，或返回False以防止色块合并。

- 如果将x_hist_bins_max设置为非零值，则使用对象中所有列的x_histogram投影填充每个blob对象中的直方图缓冲区，然后使用该值设置投影的箱数。

- y_hist_bins_max的介绍同上。

使用find_blobs()识别圆形、矩形、三角形，代码如下：

```
1.  import sensor, image, time, math
2.  thresholds = [(6, 47, 121, 6, 93, 6), # generic_red_thresholds
3.              (0, 63, 18, -74, 57, 20), # generic_green_thresholds
4.              (23, 69, 89, -12, -7, -63),
5.              (20, 37, 20, 60, -1, 45),
6.              (24, 36, -1, 20, -55, -25),
7.              (30, 44, -46, -9, 7, 44),
8.              (21, 100, 118, 19, 40, -116)] # generic_blue_thresholds
9.  sensor.reset()                          #初始化设置
10. sensor.set_pixformat(sensor.RGB565)     #设置为彩色
11. sensor.set_framesize(sensor.QVGA)       #设置清晰度
12. sensor.skip_frames(time = 2000)         #跳过前2000ms的图像
13. sensor.set_auto_gain(False)             # 必须关闭才能进行颜色跟踪
14. sensor.set_auto_whitebal(False)
15. clock = time.clock()                    #创建一个clock，便于计算FPS，查看卡不卡
16. sensor.set_auto_gain(False)             # 关闭自动增益。默认开启
17. sensor.set_auto_whitebal(False)         #关闭白平衡。在颜色识别中，一定要关闭白平衡
18. while(True):                            #不断拍照
19.     clock.tick()
```

20.   img = sensor.snapshot().lens_corr(1.8)
21.   for blob in img.find_blobs(thresholds, pixels_threshold=200, roi
22. = (100, 80, 600, 440), area_threshold=200):
23.   print('该形状占空比为', blob.density())
24.   if blob.density()>0.805:   #理论上，矩形和它的外接矩形应该完全重合
25.   print("检测为矩形", end='')
26.   img.draw_rectangle(blob.rect())
27.   print('矩形长', blob.w(), '宽', blob.h())
28.   elif blob.density()>0.65:
29.   print("检测为圆形", end='')
30.   img.draw_keypoints([[(blob.cx(), blob.cy(), int(math.degrees(blob.rotation())))]], size=20)
31.   img.draw_circle((blob.cx(), blob.cy(), int((blob.w()+blob.h())/4)))
32.   print('圆形半径', (blob.w()+blob.h())/4)
33.   elif blob.density()>0.40:
34.   print("检测为三角形", end='')
35.   img.draw_cross(blob.cx(), blob.cy())
36.   print('三角形边长', blob.w())
37.   else: #基本上占空比小于0.4的都是干扰或者三角形，忽略
38.   print("no dectedtion")
39.   print(clock.fps())

程序运行结果如图7-24所示。对于矩形和圆形，在识别的基础上画了外接矩形；对于三角形，在其中心画了一个十字。

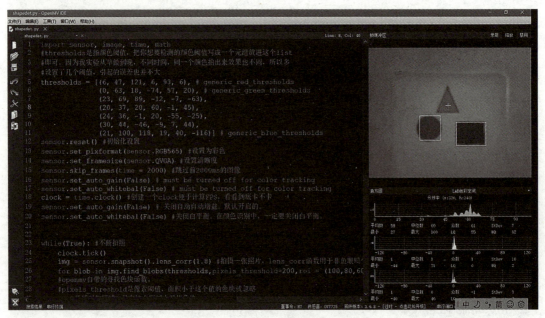

图7-24　find_blobs()程序运行结果

7.5.4 交通灯颜色识别任务实现

1. 任务描述

从车（智能AGV）行驶到指定位置时，控制智能交通灯标志物进入识别模式，并在规定的时间内识别出当前停留信号灯的颜色，按照指定格式发给智能交通灯标志物进行比对确认。

2. 任务分析

从车（智能AGV）携带OpenMV摄像头，通过摄像头抓取当前交通灯标志物的图片，对图片中的交通灯颜色进行判断（红、绿、黄）。通过查看交通灯的有效色块，判断交通灯的颜色。

3. 任务实现

代码如下：

```
1.  import sensor,time
2.  thresholds_traffic = [
3.      (0, 87, 127, 54, 127, -113),              #红色阈值
4.      (73, 100, -40, -123, 127, -78),           #绿色阈值
5.      (100, 91, 8, -72, -42, 127)]              #黄色阈值
6.  DISTORTION_FACTOR = 1                         #设定畸变系数
7.  IMG_WIDTH  = 240
8.  IMG_HEIGHT = 320                              #将图像宽度和高度分别设置为240、320
9.  def init_sensor():
10.     sensor.reset()                            #复位和初始化摄像头
11.     sensor.set_vflip(1)                       #将摄像头设置成后置方式
12.     sensor.set_pixformat(sensor.RGB565)       #设置像素格式为彩色
13.     sensor.set_framesize(sensor.QVGA)         #设置帧大小为320×240
14.     sensor.skip_frames(time = 2000)           #等待设置生效
15.     clock = time.clock()                      #创建一个时钟来追踪 FPS
16. init_sensor()
17. def Traffic_light():
18.     blobs = img.find_blobs(thresholds_traffic,area_threshold = 100, merge=True)
19.     if blobs:
20.         print(blobs)
21.         for b in blobs:
22.             print(b.code())
23.             if b.code() == 1:
24.                 print("红灯")
25.                 break
26.             elif b.code() == 2:
```

27.   print("绿灯")
28.   break
29.   else:
30.   print("黄灯")
31. while True:
32.   img = sensor.snapshot()
33.   Traffic_light()

智能交通灯识别程序结果如图7-25所示。

a）颜色识别调试结果

b）智能AGV识别结果

图7-25　智能交通灯识别程序结果

7.6 小结

本单元主要围绕图像识别相关技术展开，介绍了图像的基本表示方法、图像处理的基本操作、图像色彩空间转换、图像滤波与轮廓检测等，最终引入嵌入式技术开发全国职业技能竞赛赛项任务，完成了图形图像的处理和识别以及模拟智能交通灯标志物的识别。

7.7 习题

创新小尝试：设计交通灯自动识别装置

你能利用本章所学内容尝试设计一款交通灯自动识别装置吗？该装置能准确识别当前路口交通灯的颜色和当前颜色下剩余的时间。

单元 ⑧ Python人脸检测

学习目标

知识目标
- 了解人脸识别的基本定义、应用领域和重要性。
- 了解人脸识别原理。
- 掌握OpenMV人脸检测的算法实现。

能力目标
- 能够使用FisherFaces和EigenFaces算法实现人脸识别。
- 能够开发基于Python的综合应用,如人脸识别系统等。

素质目标
- 探讨人脸识别的伦理和隐私问题,理解相关法律法规。
- 关注人脸识别领域的最新发展,培养持续学习和自我提升的习惯。

人脸识别是计算机视觉领域里很典型的应用。它跟身份证识别、指纹识别、虹膜识别相似,是进行身份识别的一种生物识别技术。人脸识别是指程序对输入的人脸图像进行检测、判断并识别出对应人的过程。人脸识别有对静态图像中人脸的识别,也涉及对视频中人脸的识别。本单元主要阐述静态图像中的人脸检测与识别,并分别给出实例进行演示。

8.1 绘图基础

为了可以更好地检测出的人脸，先了解在图像上绘图的基础操作。OpenCV提供了方便的绘图功能，包括绘制直线的函数cv2.line()、绘制矩形的函数cv2.rectangle()和在图像内添加文字的函数cv2.putText()等。在上一单元中介绍了cv2.putText()函数，这里不再阐述，仅介绍绘制矩形的函数和应用。

绘制矩形函数的一般格式为：

```
image = cv2.rectangle(image, p1, p2, color[, thickness[, lineType]])
```

其中：

- image表示绘制的载体图像。
- p1表示矩形的顶点。
- p2表示矩形的对角顶点。
- color表示所绘制的矩形线条的颜色。
- thickness表示所绘制的矩形线条的粗细。
- lineType表示所绘制的矩形线条的类型。

在图像中的指定位置绘制出矩形框，代码如下：

```
1.  import cv2 as cv
2.  import numpy as np
3.  img = cv.imread("D:/pic/lena.jpg")      #读取一幅图像
4.  rows,cols = img.shape[:2]               #获取图像的宽和高
5.  #在原始图像上绘制3个矩形
6.  img = cv.rectangle(img,(50,50),(rows-200,cols-200),(255,255,0),3)
7.  img = cv.rectangle(img,(70,70),(rows-100,cols-150),(255,0,255),5)
8.  img = cv.rectangle(img,(100,100),(rows-150,cols-100),(0,255,255),7)
9.  cv.imshow("img",img)
10. cv.waitKey()
11. cv.destroyAllWindows()
```

程序运行结果如图8-1所示。可见，在原图像中绘制了3个不同大小、颜色的矩形。

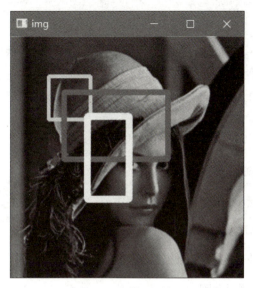

图8-1 程序运行结果

8.2 人脸检测

8.2.1 OpenCV中级联分类器的使用

要进行人脸识别,首先要从图像中检测到人脸,之后才能进行人脸识别或者其他图像处理操作。在人脸检测中,主要任务是构造能够区分包含人脸实例和不包含人脸实例的分类器。这些实例称为"正类"(包含人脸图像)和"负类"(不包含人脸图像)。

扫码观看视频

扫码观看视频

OpenCV提供了3种不同的训练好的级联分类器,分别是Hog级联分类器、Haar级联分类器和LBP级联分类器。

这里使用OpenCV提供的训练好的分类器。这些级联分类器以XML文件的形式存放在OpenCV源文件的data目录下,加载不同级联分类器的XML文件就可以实现对不同对象的检测。

OpenCV自带的级联分类器存储在OpenCV根文件夹的data文件夹下。例如,本书在安装OpenCV时的路径是"D:\envs\python\Lib\site-packages\cv2",找到该路径下的data目录就可以看到该目录下的文件,包含3个子文件夹,即hogcascades、haarcascades和lbpcascades,里面分别存储的是Hog级联分类器、Haar级联分类器和LBP级联分类器。

OpenCV加载级联分类器的方法很简单,其一般格式为:

<CascadeClassifier object> = cv2.CascadeClassifier(filename)

其中,filename是分类器的路径和名称。

8.2.2 人脸检测Python实现

OpenCV提供了cv2.CascadeClassfier.detectMultiScale()函数来检测图片中的人脸。该函数可以用级联分类器对象调用，其一般格式为：

objects =CascadeClassfier.detectMultiScale(image[,scaleFactor[,minNeighbors[,flags[,minSize[,maxSize]]]]])

其中：

- image表示待检测图像。
- scaleFactor表示在前后两次扫描过程中窗口的缩放因子。
- minNeighbors表示构成检测目标的相邻矩形的个数。
- flags参数一般被省略。
- minSize表示检测目标的最小尺寸。
- maxSize表示检测目标的最大尺寸。
- objects表示返回值。

使用OpenCV提供的cv2.CascadeClasfier.detectMultiScale()函数检测一幅图像中的人脸，代码如下：

```
1. import cv2 as cv
2. image = cv.imread("D:/pic/face.jpg")              #读取一幅图像
3. #获取XMI文件，加载人脸检测器
4. faceCascade=cv.CascadeClassifier(r'D:/envs/python/Lib/sitepackages/cv2/data/haarcascade_frontalface_default.xml')
5. gray = cv.cvtColor (image,cv.COLOR_BGR2GRAY)      #转为灰度图像
6.
7. #实现人脸检测
8. faces = faceCascade.detectMultiScale(gray,scaleFactor=1.03,minNeighbors=3,minSize=(3,3))
9. print(faces)                                       # 打印检测到的人脸
10. print("发现{0}个人脸".format(len(faces)))
11. #在原图中标记检测到的人脸
12. for(x,y,w,h)in faces:
13.     cv.rectangle(image,(x, y),(x+w, y+h),(255, 255, 0),3)   #绘制矩形，标记人脸
14. cv.imshow("dect",image)                            #显示检测结果
15. cv.waitKey()
16. cv.destroyAllWindows()
```

程序运行结果如图8-2所示。

在图8-2中，图8-2a是人脸检测的结果；图8-2b是从图8-2a中检测到的人脸位置及个数信息。可以看出，共检测到了6个人脸，并用矩形标记出了检测结果。

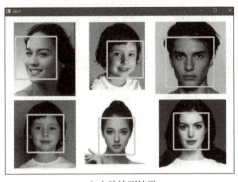

a）人脸检测结果　　　　　　　　b）人脸位置及个数信息

图8-2　程序运行结果

8.3　人脸识别

8.3.1　人脸识别原理

人脸识别就是找到一个可以表征每个人脸特征的模型，在进行识别时先提取当前人脸的特征，再从已有的特征集中找到最为接近的人脸样本，从而得到当前人脸的标签。OpenCV提供了LBPH、EigenFishFaces和FisherFaces这3种人脸识别方法。

LBPH所使用的模型基于LBP算法，其基本原理是将图像中某个像素点的值与其最邻近的8个像素点的值逐一比较，如果该点像素值大于其临近点的像素值，则得到0。反之，如果该点像素值小于其临近点的像素值，则得到1。最后，将该像素点与其周围的8个像素点比较得到0和1值的组合，得到一个8位的二进制序列，将该二进制序列转换为十进制数，作为该像素点的LBP值。对图像中的每一个像素点都进行上述操作，就可以实现LBP算法的功能。

8.3.2　LBPH人脸识别实现

在OpenCV中，首先使用cv2.face.LBPHFaceRecognizer_create()函数生成LBPH识别器实例模型，然后利用cv2.face_FaceRecognizer.train()函数完成人脸数据的训练，最后用cv2.face_FaceRecognizer.predict()函数完成人脸识别。

1. cv2.face.LBPHFaceRecognizer_create()函数

cv2.face.LBPHFaceRecognizer_create()函数用于生成LBPH识别器实例模型，其一般格式为：

ret = cv2.face.LBPHFaceRecognizer_create([,radius[,neighbors[,grid_x[,grid_y[, threshold]]]]])

其中：

- radius表示半径值。

- neighbors表示邻域点的个数，默认采用8邻域。
- grid_x表示水平单元格上像素的个数。
- grid_y表示垂直单元格上像素的个数。
- threshold表示预测时采用的阈值。

2. cv2.face_FaceRecognizer.train()函数

cv2.face_FaceRecognizer.train()函数用于完成人脸数据的训练，其一般格式为：

```
None= cv2.face_FaceRecognizer.train(src,labels)
```

其中：

- src表示用于训练的图像。
- labels表示人脸图像所对应的标签。

3. cv2.face_FaceRecognizer.predict()函数

cv2.face_FaceRecognizer.predict()函数用于对一个待测人脸图像进行判断，寻找与当前图像距离最近的人脸图像，其一般格式为：

```
label, confidence = cv2.face_FaceRecognizer.predict(src)
```

其中：

- src表示用于识别的图像。
- label表示返回的人脸图像识别结果标签。
- confidence表示返回的信任度，可以反映识别结果的准确性。其值越小，表示匹配度越高，即识别效果越准确。

使用OpenCV中自带的人脸识别函数完成一个简单人脸识别程序，代码如下：

```
1.  import cv2 as cv
2.  import numpy as np
3.  import os
4.  #创建列表,记录读取的训练数据集
5.  images = []
6.  file_path = "D:/pic/data/"
7.  count0 = 0
8.  images.append(cv.imread(file_path+'a1.jpg',cv.IMREAD_GRAYSCALE))
9.  images.append(cv.imread(file_path+'a2.jpg',cv.IMREAD_GRAYSCALE))
10. images.append(cv.imread(file_path+'a3.jpg',cv.IMREAD_GRAYSCALE))
11. images.append(cv.imread(file_path+'a4.jpg',cv.IMREAD_GRAYSCALE))
12. images.append(cv.imread(file_path+'b1.jpg',cv.IMREAD_GRAYSCALE))
13. images.append(cv.imread(file_path+'b2.jpg',cv.IMREAD_GRAYSCALE))
```

```
14. images.append(cv.imread(file_path+'b3.jpg',cv.IMREAD_GRAYSCALE))
15. images.append(cv.imread(file_path+'b4.jpg',cv.IMREAD_GRAYSCALE))
16. #创建标签
17. labels = [0,0,0,0,1,1,1,1]
18. recognizer = cv.face.LBPHFaceRecognizer_create()         #生成LBPH识别器模型
19. recognizer.train(images,np.array(labels))
20. #训练数据集
21. #读取待检测图像
22. predict_image1 = cv.imread("C:/Users/Administrator/Desktop/a_test.jpg",cv.IMREAD_GRAYSCALE)
23. predict_image2 = cv.imread("C:/Users/Administrator/Desktop/b_test.jpg", cv.IMREAD_GRAYSCALE)
24. #识别图像
25. label1,confidence1 = recognizer.predict(predict_image1)   #识别图像，得到结果
26. labe12,confidence2 = recognizer.predict(predict_image2)   #识别图像，得到结果
27. #输出识别结果
28. print("label1=",label1)                                   #打印识别分类
29. print("confidence1=",confidence1)                         #打印信任度
30. print("label2=",labe12)                                   # 打印识别分类
31. print("confidence2=",confidence2)                         #打印信任度
```

本例使用图8-3所示的训练图像。

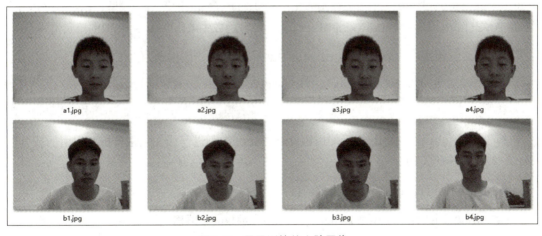

图8-3　用于训练的人脸图像

说明：读者在练习过程中需自行采集图像。人脸识别在商业领域、监控访问控制领域、身份验证等诸多场景中有重要的应用。此外，人脸识别技术在医疗保健领域也有应用，如用于疾病诊断和治疗计划的制订。它可以分析患者的面部特征，辅助医生进行更准确的诊断和个性化的治疗。在执法和公共安全方面，人脸识别有助于追踪犯罪嫌疑人，加强社会治安。

虽然人脸识别技术在许多领域都带来了巨大的潜力，但也需要考虑隐私和道德问题，确保其合法和透明地使用，以平衡技术创新和社会价值。

图8-4所示的两幅图片是用于测试的人脸图像。

程序运行识别结果如图8-5所示，可以看到，可信度评分都超过了50分，这是由于训练集太少。

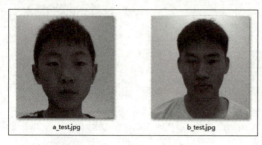

图8-4　用于测试的人脸图像　　　　图8-5　程序运行识别结果

8.3.3　FisherFaces和EigenFaces算法人脸识别实现

EigenFaces算法使用主成分分析（PCA）方法将高维数据处理为低维数据，然后进行分析处理。这种方法虽然可以初步解决数据维度过高的问题，但是在操作过程中会损失很多特征信息，导致识别结果不准确。为了弥补这种缺点，有些学者提出了FisherFaces算法，这种算法采用线性判别分析（LDA）实现人脸识别。

在OpenCV中用这两种方法进行识别时，只是在建立识别器实例模型时所使用的函数不同，但之后使用的训练函数和识别函数相同。FisherFaces算法通过cv2.face.FisherFaceRecognizer_create()函数生成FisherFaces识别器实例模型，EigenFaces算法通过cv2.face.EigenFaceRecognizer_create()函数生成EigenFaces识别器实例模型。

cv2.face.FisherFaceRecognizer_create()函数的一般格式为：

```
ret = cv2.face.FisherFaceRecognizer_create([,num_components[,threshold]])
```

其中：

- num_components表示使用FisherFaces准则进行线性判别分析时保留的成分数量，一般使用其默认值0。
- threshold表示识别时采用的阈值。

cv2.face.EigenFaceRecognizer_create()函数的一般格式为：

```
ret = cv2.face.EigenFaceRecognizer_create([,num_components[,threshold]])
```

其中：

- num_components表示使用EigenFaces准则进行线性判别分析时保留的成分数量，一般使用其默认值0。
- threshold表示识别时采用的阈值。

使用OpenCV中的FisherFaces和EigenFaces完成一个简单的人脸识别程序，代码如下：

```
1. import cv2 as cv
2. import numpy as np
3. #创建列表，记录读取的训练数据集
4. images =[]
5. images.append(cv.imread("D:/pic/data1/a1.jpg",cv.IMREAD_GRAYSCALE))
6. images.append(cv.imread("D:/pic/data1/a2.jpg",cv.IMREAD_GRAYSCALE))
7. images.append(cv.imread("D:/pic/data1/a3.jpg",cv.IMREAD_GRAYSCALE))
8. images.append(cv.imread("D:/pic/data1/b1.jpg",cv.IMREAD_GRAYSCALE))
9. images.append(cv.imread("D:/pic/data1/b2.jpg",cv.IMREAD_GRAYSCALE))
10. images.append(cv.imread("D:/pic/data1/b3.jpg",cv.IMREAD_GRAYSCALE))
11. #创建标签
12. labels = [0,0,0,1,1,1]
13. recognizer1 = cv.face.FisherFaceRecognizer_create()    # 生成FisherFaces识别器模型
14. recognizer2 = cv.face.EigenFaceRecognizer_create()     # 生成EigenFaces识别器模型
15. #训练数据集
16. recognizer1.train(images,np.array(labels))
17. recognizer2.train(images,np.array(labels))
18. #读取待检测图像
19. predict_image1 = cv.imread ("D:/pic/data1/a4.jpg",cv.IMREAD_GRAYSCALE)
20. predict_image2 = cv.imread ("D:/pic/data1/b4.jpg",cv.IMREAD_GRAYSCALE)
21. #识别图像
22. label1,confidence1 = recognizer1.predict(predict_image1)  #识别图像，得到结果
23. label2,confidence2 = recognizer2.predict(predict_image2)  #识别图像，得到结果
24. #输出识别结果
25. print("label1=", label1)
26. #打印FisherFaces识别器模型识别分类
27. print ("confidence1=", confidence1)                    #打印信任度
28. print("1abe12=",label2)                               #打印EigenFaces识别器模型识别分类
29. print ("confidence2=",confidence2)                    #打印信任度
```

本例中使用图8-6所示的训练图像。

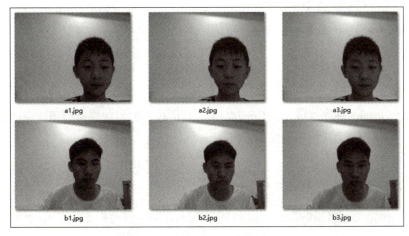

图8-6　用于训练的6张人脸图像

在图8-6中，6张人脸图像被分为a、b两组。前3幅图像的标签被设定为0，后3幅图像的标签被设置为1。

图8-7中的两幅图像用于识别。

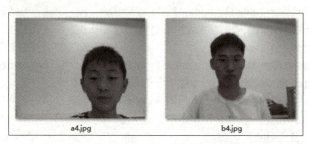

图8-7　用于识别的两张人脸图像

程序识别结果如图8-8所示，可以看出，其信任度评分都远远超过了50，这是由于训练集太少。

```
label1= 0
confidence1= 1048.1441832941528
1abe12= 1
confidence2= 6495.180655503176
```

图8-8　程序识别结果

8.4　OpenMV人脸识别

OpenMV中集成了非常多的特征函数和算法函数，比如image模块下的find_features()特征寻找函数。该函数的一般格式为：

> image.find_features(cascade, threshold=0.5, scale=1.5, roi)

其中：

- cascade：Haar Cascade对象。

- threshold：是浮点数（0.0~1.0），其中较小的值在提高检测速率的同时增加误报率。相反，较高的值会降低检测速率，同时降低误报率。

- scale：是一个必须大于1.0的浮点数。较高的比例因子会使程序运行更快，但是图像匹配相应较差。理想值介于1.35~1.5之间。

- roi：指定识别区域的矩形元组(x, y, w, h)。如果没有指定，那么roi即整个图像的矩形。

利用Haar Cascade特征检测器来实现一系列简单区域的对比检查，人脸识别有25个阶段，每个阶段都有几百次检测。Haar Cascade运行很快，是因为它是逐个阶段进行检测的。OpenMV使用一种被称为积分图像的数据结构来在恒定时间内快速执行每个区域的对比度检查。使用find_features()函数识别人脸的源代码如下：

1. import sensor, image, time
2. sensor.reset()
3. sensor.set_contrast(1)
4. sensor.set_gainceiling(16)
5. sensor.set_framesize(sensor.HQVGA)
6. sensor.set_pixformat(sensor.GRAYSCALE)   #需设置灰度图像
7. # 加载Haar Cascade 模型
8. # 默认使用25个步骤，减少步骤会加快速度但会影响识别成功率
9. face_cascade = image.HaarCascade("frontalface", stage=25)
10. print(face_cascade)
11. clock = time.clock()
12. while (True):
13.   clock.tick()
14.   img = sensor.snapshot()
15.   # 寻找人脸对象
16.   # threshold和scale_factor两个参数控制着识别的速度和准确性
17.   objects = img.find_features(face_cascade, threshold=0.75, scale_factor=1.25)
18.   for r in objects:
19.   img.draw_rectangle(r)   #用矩形将人脸画出来
20.   print(clock.fps())

程序运行结果如图8-9所示。

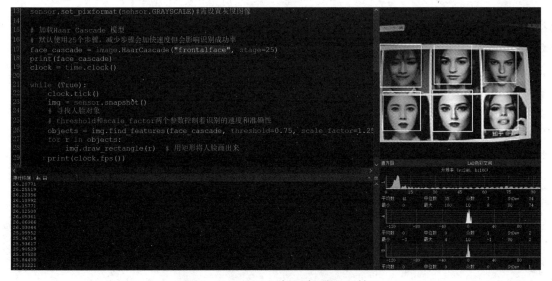

图8-9　OpenMV人脸识别程序运行结果

8.5 小结

本单元主要在图像识别的基础上继续介绍人脸检测和识别的基本原理和相关函数,并且结合OpenCV的相关方法实现了简单数据集的训练和数据验证。

8.6 习题

创新小尝试:设计人脸识别考勤机

你能利用本单元所学尝试设计一款人脸识别考勤机吗?该考勤机可实现对某单位员工上下班的自动考勤。通过采取单位员工的头像数据集,进行人脸模型训练和识别检测,以及检测后数据的分析与处理。

单元 ❾

Python物联网综合实战

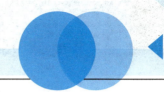

学习目标

知识目标

- 了解Django框架特点。
- 掌握Django框架的开发流程。
- 了解Pyecharts库安装和使用。
- 了解温湿度数据采集系统的设计和实现方法。
- 掌握温湿度数据MySQL数据存储方法。
- 掌握温湿度数据可视化展示显示的界面设计。

能力目标

- 能够使用传感器完成基础温湿度数据的采集和传输。
- 能够将采集的数据在MySQL库中进行存储和查询。
- 能够使用Django框架开发Web界面实现数据显示。

素质目标

- 能够在团队项目中有效协作，运用所学知识解决实际问题。
- 关注物联网领域的最新发展，培养持续学习和自我提升的习惯。

气候条件一直是影响人类发展和繁衍的重要因素，气象数据的实时采集和监控有助于有效地预防自然灾害，在水利、农业等多个方面广泛应用。一般气象数据的采集包括温度、云量、降水量、气压、日光、湿度、风速、水温等，本单元将从温湿度、气压等参数的采集和可视化管理等功能设计入手，学习基于Python的可视化数据展示和数据采集系统的设计。

9.1 Pyecharts库

9.1.1 Pyecharts库简介

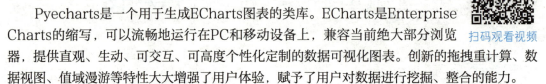
扫码观看视频

Pyecharts是一个用于生成ECharts图表的类库。ECharts是Enterprise Charts的缩写，可以流畅地运行在PC和移动设备上，兼容当前绝大部分浏览器，提供直观、生动、可交互、可高度个性化定制的数据可视化图表。创新的拖拽重计算、数据视图、值域漫游等特性大大增强了用户体验，赋予了用户对数据进行挖掘、整合的能力。

Pyecharts支持折线图（区域图）、柱状图（条状图）、散点图（气泡图）、K线图、饼图（环形图）、雷达图（填充雷达图）、地图、仪表盘、漏斗图、事件河流图等多类图表，同时提供标题、详情气泡、图例、值域、数据区域、时间轴、工具箱等7个可交互组件，支持多图表、组件的联动和混搭展现。

Pyecharts的安装和第三方库的安装一样，使用pip包管理工具，在Dos命令中输入指令"pip install pyecharts"进行安装即可。

9.1.2 Pyecharts库创建视图

本小节以柱状图、关系图、折线图、饼图的创建和显示为例进行介绍。

1. 柱状图

使用Pyecharts库实现2014—2023年某地区高考人数和高考录取情况的可视化柱状图，代码如下：

```
1. from pyecharts import options as opts
2. from pyecharts.charts import Bar
3. bar = ( Bar()
4. .add_xaxis(["2014","2015","2016","2017","2018","2019","2020","2021","2022","2023"])
5.   .add_yaxis("高考人数",[939,942,940,940,975,1031,1071,1078,1193,1291])
6.   .add_yaxis("录取人数",[697,700,705,700,790.99,820,967.5,1001.32,1118.44,1042.22])
7.   .set_global_opts(title_opts=opts.TitleOpts(title="2014-2023 10年高考情况"))
8. )
9. bar.render("mycharts.html")
```

程序运行结果如图9-1所示。

首先从pyecharts.charts中调用Bar柱状图。定义变量bar=Bar()。bar.add_xaxis()表示添加x轴坐标，括号中加入数据列表。bar.add_yaxis()表示添加y轴坐标，第一个元素是类别，第二个列表是数值。bar.render()默认在当前目录生成render.html文件。这里传入了mycharts.html参数，生成了mycharts.html页面，这样就绘制出了一个最简单的柱状图。

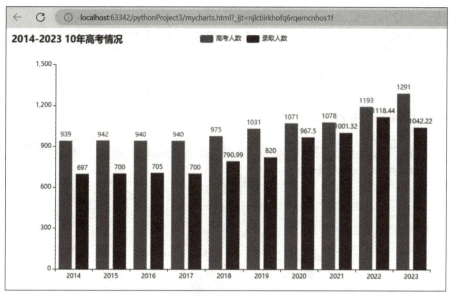

图9-1　程序运行结果

2. 关系图

Graph关系图通常用于分析具有复杂关系的数据。例如，不同实体之间的关系可以使用Graph关系图来描绘。Graph关系图通常用于社交网络分析、网络安全分析和生物信息学研究等领域，以及其他任何需要探索复杂关系的应用场景。

使用Graph关系图实现学习成绩与学习兴趣、学习环境、学习方法等因素的影响关系的可视化，代码如下：

```
from pyecharts import options as opts
from pyecharts.charts import Graph
# 构造数据: nodes表示节点信息和对应的节点大小; links表示节点之间的关系
nodes = [
    {"name": "学习兴趣", "symbolSize": 30},
    {"name": "学习环境", "symbolSize": 20},
    {"name": "学习方法", "symbolSize": 40},
    {"name": "学习动力", "symbolSize": 30},
    {"name": "时间管理能力", "symbolSize": 50},
    {"name": "考试技巧", "symbolSize": 10},
    {"name": "心理素质", "symbolSize": 30},
]
links = []
for i in nodes:
    for j in nodes:
        links.append({"source": i.get("name"), "target": j.get("name")})
c = (
    Graph()
    # repulsion: 节点之间的斥力因子, 值越大表示节点之间的斥力越大
```

20.   .add("", nodes, links, repulsion=40000)
21.   .set_global_opts(title_opts=opts.TitleOpts(title="大学生学习成绩的影响因素调查"))
22.
23.   .render("graph_base.html")
24.)

程序运行结果如图9-2所示。

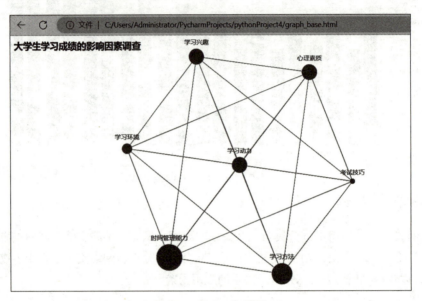

图9-2 程序运行结果

以上例程中，先通过构造数据nodes表示节点信息和对应的节点大小，再构造links表示节点之间的关系。

3. 折线图

使用Pyecharts实现对某一日温度和湿度的折线可视化展示，代码如下：

1. import pyecharts.options as opts
2. from pyecharts.charts import Line
3. x=['0', '2', '4', '6', '8', '10', '12', '14', '16', '18', '20', '22']
4. y1=[24,23,23,24,27,29,32,38,38,32,30,27]
5. y2=[60,68,72,70,65,50,40,30,30,41,50,56]
6. line=(
7.   Line()
8.   .add_xaxis(xaxis_data=x)
9.   .add_yaxis(series_name="温度",y_axis=y1,symbol="emptyCircle",is_symbol_show= True, symbol_size=8)
10.   .add_yaxis(series_name="湿度",y_axis=y2, symbol="emptyCircle",)
11.   .set_global_opts(title_opts=opts.TitleOpts(title="某日温湿度数据"))
12.)
13. line.render('line.html')

用Pyecharts绘制折线图时，add_xaxis()表示x轴数据，数据类型是列表；add_yaxis表示y轴数据，其类型也是列表；is_symbol_show=True表示是否显示标记图形，默认为True。程序运行结果如图9-3所示。

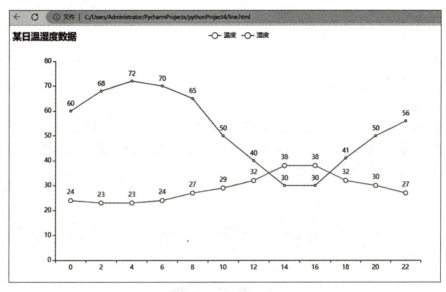

图9-3　程序运行结果

4. 饼图

这里用Pyecharts画饼图。饼图主要用于表现不同类目的数据在总和中的占比。每个弧度都表示数据量的占比。

示例代码如下：

```
1.  from pyecharts.faker import Faker
2.  from pyecharts import options as opts
3.  from pyecharts.charts import *
4.  
5.  def pie_radius() -> Pie:
6.      c = (
7.          Pie()
8.          .add(
9.              "",
10.             [list(z) for z in zip(Faker.choose(), Faker.values())],
11.             radius=["40%", "75%"],
12.         )
13.         .set_colors(["blue", "green", "yellow", "red", "pink", "orange", "purple"])
14.         .set_global_opts(
15.             title_opts=opts.TitleOpts(title="Pie-Radius"),
16.             legend_opts=opts.LegendOpts(
17.                 orient="vertical", pos_top="15%", pos_left="2%"
```

```
18.            ),
19.        )
20.        .set_series_opts(label_opts=opts.LabelOpts(formatter="{b}: {c}"))
21.    )
22.    return c
23. pie_radius().render_notebook()
```

以上程序示例中,"radius=["40%","75%"]"设置了饼图的半径,第一项是内半径,第二项是外半径,默认设置成百分比,相对于容器高宽中较小一项的一半。orient参数用于设置图例列表的布局朝向,可选"horizontal"或者"vertical"。pos_left参数表示图例组件离容器左侧的距离。pos_left的值可以是像20这样的具体像素值,可以是像20%这样相对于容器高宽的百分比,也可以是left、center、right。如果left的值为left、center、right,那么组件会根据相应的位置自动对齐。

程序运行结果如图9-4所示。

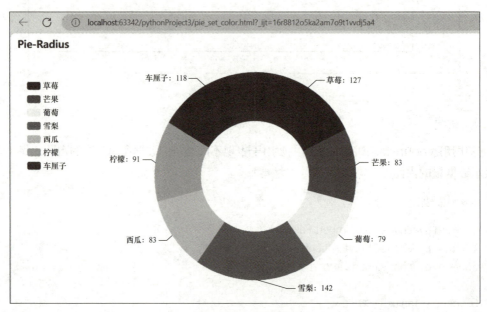

图9-4　程序运行结果

9.2　物联网后台Web开发

9.2.1　Django框架介绍

Django是一个高级的Python网络框架,可以快速开发安全和可维护的网站。Django采用了MVT的软件设计模式,即模型(Model)、视图(View)

扫码观看视频

和模板（Template）。

M表示模型（Model）：编写程序应有的功能，负责业务对象与数据库的映射（ORM）。

V表示视图（View）：负责业务逻辑，并在适当的时候调用Model和Template。

T表示模板（Template）：负责如何把页面（HTML）展示给用户。

除了以上3层之外，还需要一个URL分发器，它的作用是将URL的页面请求分发给不同的视图处理，视图再调用相应的模型和模板。

Django的安装和Python中常用的第三方库的安装过程一样，其安装指令为pip install Django。在命令行执行该语句即可完成安装。

9.2.2 Django项目创建

Django安装完成以后，创建基于Django框架的Web服务的具体步骤如下：

1）打开Python编译器，选择"File"→"New Project"→"Django"→"More Settings"→"Application name"（输入App名字）选项，最后单击Create按钮，如图9-5所示。PyCharm创建工程并打开，如图9-6所示。

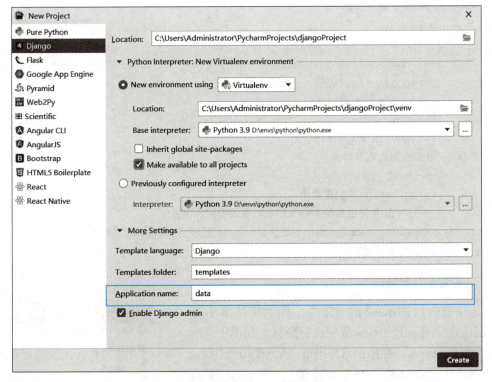

图9-5 创建Django项目选项

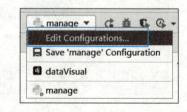

图9-6　PyCharm创建工程并打开

项目目录说明如下：

```
|---dataVisual # 项目目录
    |---data # App名称
        |---__init__.py
        |---admin.py # Django自带admin
        |---apps.py # App相关
        |---models.py # 数据映射关系
        |---tests.py
        |---views.py # 业务逻辑视图
    |---dataVisual # 项目目录
        |---__init__.py
        |---settings.py # 配置文件
        |---urls.py # 路由系统 ===> URL与视图的对应关系
        |---wsgi.py # runserver命令就使用wsgiref模块做简单的Web Server
|---manage.py # 管理文件
```

2）配置运行参数。

选择要执行的manage文件，在下拉菜单中选择Edit Configurations选项进行配置，如图9-7所示。如图9-8所示，在Run/Debug Configurations对话框的Parameters文本框中输入"runserver 127.0.0.1:8000"，其中"127.0.0.1"表示本机

图9-7　选择Edit Configurations选项

ID，"8000"是端口号。注意，该端口可随意配置，但是不要和已经占用的端口冲突。

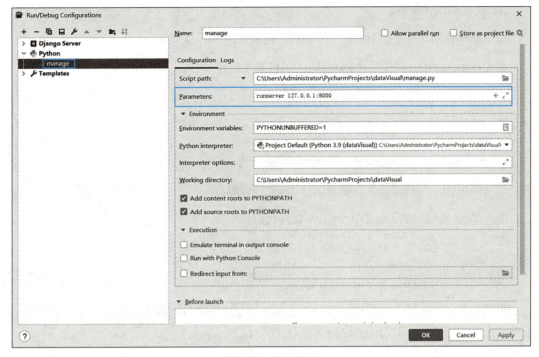

图9-8　参数配置

3）单击"OK"按钮，观察控制台输出，如图9-9所示。

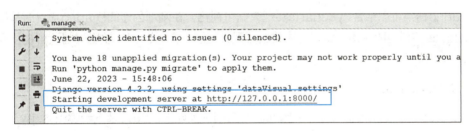

图9-9　控制台输出

4）在浏览器中输入http://127.0.0.1:8000/，运行后查看结果，如图9-10所示。

图9-10　浏览器输入地址后的运行结果

至此完成了Django创建。此时，视图界面是系统默认的。

5）视图和URL配置。

这里新建视图，并在视图中显示"你好，物联网Python！"。

首先在dataVisual项目中的dataVisual目录下新建一个views.py文件。

dataVisual/dataVisual/views.py文件代码：

```
1.  from django.http import HttpResponse
2.  def hello(request):
3.      return HttpResponse("你好，物联网Python！")
```

然后绑定URL与视图函数，编写urls.py文件代码。

dataVisual/dataVisual/urls.py 文件代码：

```
1.  from django.urls import re_path as url
2.  from . import views
3.  urlpatterns = [ url(r'^$', views.hello), ]
```

最后运行manage.py文件，启动Django服务，打开浏览器访问"http://127.0.0.1:8000/"，结果如图9-11所示。

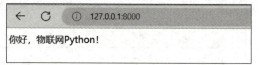

图9-11 程序运行结果

9.2.3 Django与Pyecharts结合

Django框架可以结合Pyecharts实现数据可视化，在刚刚创建的Django项目的基础上引入Pyecharts，利用Pyecharts库生成数据可视化视图，并通过URL映射访问该可视化视图。具体操作步骤如下。

（1）配置data的urls

由于新建的App没有urls文件，因此需要在刚刚创建的data目录下新建urls.py（data/urls.py）文件，并将以下代码编写到新建的urls.py文件。

```
from django.urls import path
from . import views
urlpatterns = [
    path('get_temp_humid/',views.get_temp_humid,name = 'get_temp_humid'),
]
```

定义温湿度数据访问的URL请求，该请求参数为get_temp_humid。接下来在dataVisual/urls.py中新增刚刚编写的"data.urls.py"。代码如下：

```
1.  from django.contrib import admin
2.  from django.urls import path,include
3.  from django.urls import re_path as url
4.  from . import views
```

```
5. urlpatterns = [
6. url(r'^$', views.hello),
7. path('admin/', admin.site.urls),
8. path('data/', include('data.urls'))
9. ]
```

此时，访问温湿度数据的URL请求完整参数为"data/get_temp_humid"。如果使用本地服务器访问（127.0.0.1），设端口为8000，则完整URL请求为http://127.0.0.1:8000/data/get_temp_humid/。在浏览器中输入该网址时，服务器会先在dataVisual/urls.py映射中找到urlpatterns列表中的"data/"，然后进入"data/urls.py"映射文件，通过映射关系"path('get_temp_humid/', views.get_temp_humid, name='get_temp_humid')"找到views中的get_temp_humid视图文件。

（2）使用Pyecharts模板创建视图文件

先在data文件夹下新建templates文件夹，用于存放Pyecharts视图模板，如图9-12所示。

找到Pyecharts模板，该模板位于Python安装的第三方库文件（site-packages）中。如图9-13所示，按照"site-packages→pyecharts→render→templates"路径找到模板文件，将该目录下的所有文件复制到新建的data/templates文件夹下。

site-packages文件在PyCharm工程中可以通过"External Libraries"选项进入。

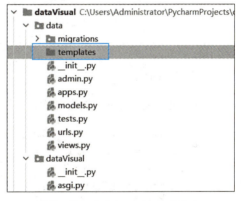

图9-12 data/templates文件夹

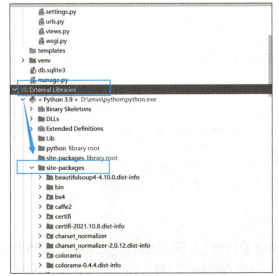 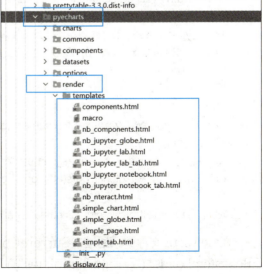

图9-13 Pyecharts模板所在位置

复制成功之后,data文件夹下新建的templates文件夹中多了模板文件,如图9-14所示。

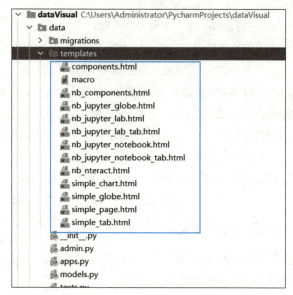

图9-14 复制后的data/templates目录

(3)渲染图表

编写温湿度数据展示的视图代码并保存到data/views.py中,代码如下:

```
1.  from jinja2 import Environment, FileSystemLoader
2.  from pyecharts.globals import CurrentConfig
3.  from django.http import HttpResponse
4.  CurrentConfig.GLOBAL_ENV = Environment(loader=FileSystemLoader("./data/templates"))
5.  def get_temp_humid(request):
6.      import pyecharts.options as opts
7.      from pyecharts.charts import Line
8.      x = ['0', '2', '4', '6', '8', '10', '12', '14', '16', '18', '20', '22']
9.      y1 = [24, 23, 23, 24, 27, 29, 32, 38, 38, 32, 30, 27]
10.     y2 = [60, 68, 72, 70, 65, 50, 40, 30, 30, 41, 50, 56]
11.     line = (
12.         Line()
13.             .add_xaxis(xaxis_data=x)
14.             .add_yaxis(series_name="温度",y_axis=y1,symbol="emptyCircle",is_symbol_show=True, symbol_size=8)
15.             .add_yaxis(series_name="湿度", y_axis=y2, symbol="emptyCircle", )
16.             .set_global_opts(title_opts=opts.TitleOpts(title="某日温湿度数据"))
17.     )
18.     return HttpResponse(line.render_embed())
```

在views.py文件中,通过"CurrentConfig.GLOBAL_ENV=Environment(loader=FileSystemLoader("./data/templates"))"导入视图模板,然后定义get_temp_humid()视图函数,将温湿度数据以Pyecharts库中折线图的形式可视化展示。该视图可以通过URL映

射来访问，如上一步骤所述，URL请求的映射参数为"data/get_temp_humid"。

（4）运行项目

运行manage.py文件，运行效果如图9-15所示。

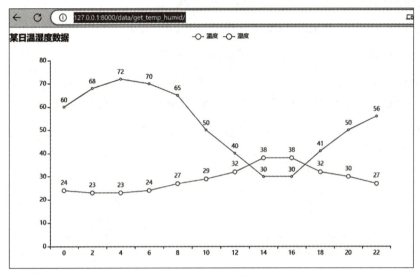

图9-15　运行效果

将运行参数设置为runserver 127.0.0.1:8000。本机请求时的URL可拼写成"127.0.0.1:8000/+URL映射参数"，即"127.0.0.1:8000/data/get_temp_humid"访问。至此，完成了Django和Pyecharts相结合来实现数据可视化。

9.2.4　Django与MySQL结合

1）MySQL安装。

在Django中引入MySQL之前要确保程序运行环境中的MySQL已经安装完成，并且已经建好数据库。使用Navicat数据库管理工具查看数据库如图9-16所示。

此外，在Python环境中要引入pymysql第三方库，也需要在Python环境中安装该库，使用指令"pip install pymysql"即可。

2）修改dataVisual项目中的settings.py文件。找到DATABASES配置，查看项目中的原有配置如下：

```
DATABASES = {
    "default": {
        "ENGINE": "django.db.backends.sqlite3",
        "NAME": BASE_DIR / "db.sqlite3",
    }
}
```

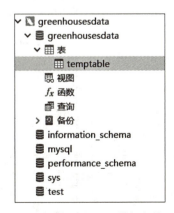

图9-16　使用Navicat数据库管理工具查看数据库

说明：Django框架默认连接和使用的是Sqlite库，ENGINE指连接数据库驱动的名称，NAME指要连接什么库。ENGINE有以下几种情况：

- django.db.backends.postgresql连接PostgreSQL。
- django.db.backends.mysql连接MySQL。
- django.db.backends.sqlite3连接Sqlite。
- django.db.backends.oracle连接Oracle。

因为要连接MySQL数据库，所以ENGINE驱动选择"django.db.backends.mysql"，且连接MySQL需要账户名和密码。修改DATABASES配置如下：

```
DATABASES = {
    'default': {
        'ENGINE': 'django.db.backends.mysql',
        'NAME': 'greenhousesdata',           # 连接的数据库
        'HOST': '127.0.0.1',                 # MySQL的IP地址
        'PORT': 3306,                        # MySQL的端口
        'USER': 'root',                      # MySQL的用户名
        'PASSWORD': '123456'                 # MySQL的密码
    }
}
```

3）测试MySQL加载情况。

在PyCharm编译器中找到"Database"工具栏，展开后选择"+"→"Data Source"→"MySQL选项，进入测试连接页，如图9-17所示。

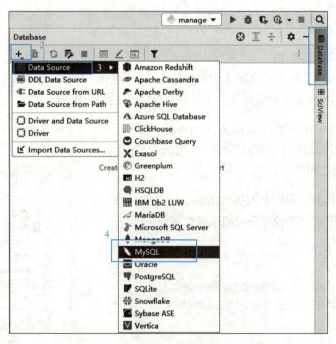

图9-17　Database工具栏操作示意图

在Database测试连接界面中填写数据库地址、用户名、密码及数据库名称等信息，单击"Test Connection"按钮进行测试，如图9-18所示。

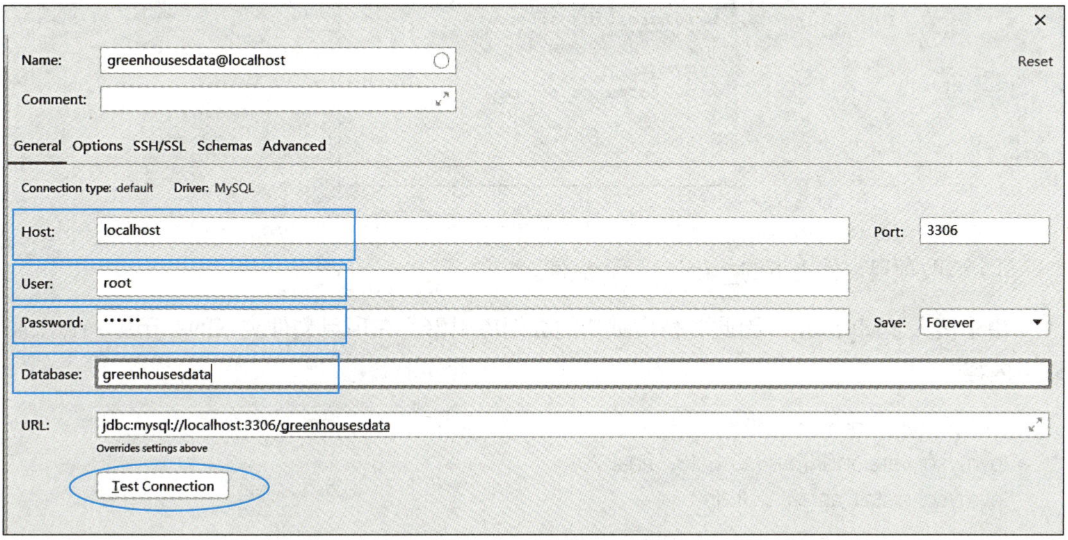

图9-18　测试页面信息设置

测试后，在Test Connection按钮下面会显示测试结果，如图9-19所示。

图9-19　测试结果显示

测试成功后单击"Apply"和"OK"按钮，回到工程界面后，Database工具栏会显示数据库信息。在console里输入"show databases;"指令验证，控制台也会输出数据库信息，说明MySQL接入Django工程成功，如图9-20和图9-21所示。

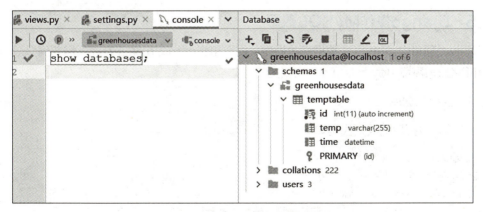

图9-20　Database工具栏显示信息

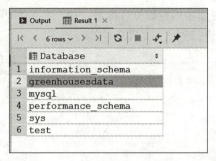

图9-21　控制台输出数据库信息

4）修改项目文件夹下的__init__.py文件。

由于接入了MySQL，因此要替换默认的数据库引擎，在项目文件夹下的__init__.py添加以下内容。

```
import pymysql
pymysql.version_info = (1, 4, 13, "final", 0)
pymysql.install_as_MySQLdb()
```

配置文件__init__.py文件如图9-22所示。

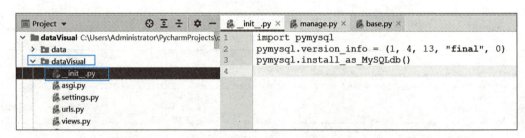

图9-22　配置__init__.py文件

配置完成后再次运行manage.py文件，正常启动，说明MySQL版本、Django版本等环境兼容。如果有异常，则可根据异常提示进行修改。一般，异常主要是框架与库之间的版本不兼容问题。

9.2.5　Django操作MySQL数据

Django项目中对MySQL数据库的操作，需要用到pymysql第三方库。需要确保MySQL环境和Python环境中pymysql库已安装完成。

（1）连接数据库

定义连接数据库函数，代码如下：

```
1.  def linkMysql():
2.      # 连接数据库
3.      link = pymysql.connect(
4.          host='127.0.0.1'  # 连接地址，连接本地默认，127.0.0.1
5.          , user='root'     # 用户名
```

```
6.            , passwd='123456'        # 密码
7.            , port=3306              # 端口，默认为3306
8.            , db='greenhousesdata'   # 数据库名称
9.            , charset='utf8'         # 字符编码
10.           )
11.    return link
```

程序中调用了pymysql库中的connect()方法，该方法中需要传入数据库IP地址、端口、用户名、密码及数据库名称等信息。

（2）向数据库写入数据

向数据库中写入数据，首先要确保连接的数据库中已创建了要写入的表。例如，在数据库greenhousesdata中设计表temptable，如图9-23所示。

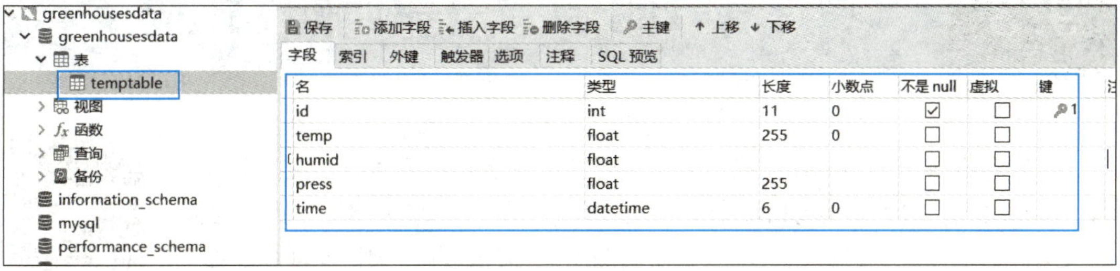

图9-23　设计temptable表

向temptable表中写入数据，需要在确保数据连接的基础上进行写数据操作，定义写入数据方法代码如下：

```
1.  def writeTempData():
2.      link = linkMysql()
3.      cur = link.cursor()        # 生成游标对象
4.      sql = "INSERT INTO TEMPTABLE(temp,time) VALUES(38.5, '2022-02-15 4:34:33') "
5.      cur.execute(sql)           # 执行SQL语句
6.      link.commit()
7.      cur.close()                # 关闭游标
8.      link.close()               # 关闭连接
```

程序中先通过linkMysql()方法建立数据库连接，再创建游标对象cur，编写sql写入数据语句，通过cur.execute(sql)语句执行数据库写入的指令，最后提交数据和关闭连接等。

（3）读取数据库中的数据

读取数据时，同样需要先建立数据库连接，再执行查询数据库的语句。读取temptable表中数据的代码如下：

```
1.  def getTempData():
2.      link = linkMysql()
3.      cur = link.cursor()        # 生成游标对象
```

```
4.    sql = "SELECT * FROM temptable "    # 写SQL语句
5.    cur.execute(sql)                    # 执行SQL语句
6.    data = cur.fetchall()               # 通过fetchall()方法获得数据
7.    print(data)
8.    cur.close()                         # 关闭游标
9.    link.close()                        # 关闭连接
10.   return data
```

程序中，先调用数据库连接函数，建立数据库连接，再执行数据库查询语句，通过"data=cur.fetchall()"方法获取到查询后的数据并存入data中，data的数据类型是元组。返回该类型，用于后续的分析和处理。

9.3 气象数据采集系统硬件设计

气象数据种类很多，如温度、云量、预测、降水量、气压、日光、湿度、风速、水温等。为了简化项目复杂度，只选用其中3个重要的数据：温度、湿度和气压。这里通过无线通信实现气象数据的实时远程监测。项目原理框图如图9-24所示。

扫码观看视频

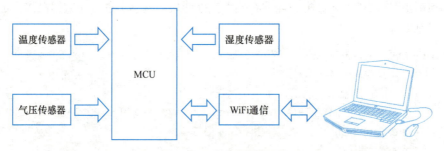

图9-24 基本原理框图

单片机处理器（MCU）将传感器采集到的数据通过WiFi通信上传到远程计算机端，实现数据的实时显示。计算机端也可以依据要求设置相应功能下传到MCU，对采集的数据做相应处理。

9.3.1 无线通信节点设计

硬件是气象数据监控系统的重要组成部分，硬件的选择与设计对系统的设计与功能实现有着非常重要的意义。

人们想从外界环境获取信息，需要通过感觉器官来完成，但是在这个过程中，仅依靠人们自身的感觉是不能精确地得到外界环境信息的。随着科学技术的不断发展，世界开始进入了信息化的时代，利用环境信息的前提是要可靠地掌握环境的精准信息。为了解决这个问题，传感器进入了人们的生活。传感器的出现，使得精准地获取环境信息变成了现实。在气象数据监测中,温度、湿度、气压是气象的关键数据,因此为了实现气象关键数据的监测,选取了几款性价比较高的传感器,并设计了硬件电路。气象数据需要远端监测,这时就需要无线通信。

根据气象数据监控系统的设计要求,无线通信节点需要实现数据采集、信息传输等功能。根据要实现的功能,选择ESP8266作为无线通信节点模块。

ESP8266是一款超低功耗的UART-WiFi透传模块,拥有业内极富竞争力的封装尺寸和超低能耗技术,专为移动设备和物联网应用设计,可将用户的物理设备连接到WiFi无线网络上,进行互联网或局域网通信,实现联网功能。

ESP8266的封装方式多样,天线可支持板载PCB天线、IPEX接口和邮票孔接口3种形式。ESP8266可广泛应用于智能电网、智能交通、智能家具、手持设备、工业控制等领域。

ESP8266模块支持3种工作模式:

- STA:Station模式,可连接到其他热点。
- AP:AP模式,默认模式,ESP8266模块作为热点,实现手机或计算机直接与模块通信,并实现局域网无线控制。
- STA+AP:两种模式的共存模式,既可以通过路由器连接到互联网,并通过互联网控制设备(STA模式),也可作为WiFi热点,其他WiFi设备连接到模块(AP模式),这样可实现局域网和广域网的无缝切换,方便操作。

图9-25所示为ESP8266无线通信模块实物图。

 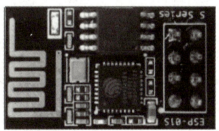

图9-25　ESP8266无线通信模块实物图

ESP8266模块共有8个引脚,引脚功能见表9-1所示。

表9-1　模块引脚及功能

序　号	引 脚 名 称	功　能　说　明
1	GND	GND
2	GPIO2	通用I/O,内部已上拉
3	GPIO0	工作模式选择 悬空:Flash Boot,工作模式 下拉:UART Download,下载模式
4	RXD	串口0数据接收端RXD

（续）

序 号	引脚名称	功能说明
5	VCC	3.3V，模块供电
6	RST	外部复位引脚，低电平复位 可以悬空或者接外部MCU
7	CH_PD	芯片使能，高电平使能，低电平失能
8	TXD	串口0数据发送端TXD

模块具有丰富的AT指令，通过AT指令配置模块的网络参数。

每条指令基本可以细分为4种命令，基础AT指令见表9-2。

表9-2　基础AT指令

测试命令	AT+<CMD>=?	该命令用于查询设置命令或内部程序设置的参数及其取值范围
查询命令	AT+<CMD>?	该命令用于返回参数的当前值
设置命令	AT+<CMD>=<…>	该命令用于设置用户自定义的参数值
执行命令	AT+<CMD>	该命令用于执行受模块内部程序控制的变参数不可变的功能

注意：

1）不是每条指令都具备上述4种指令。

2）空括号内的数据为默认值，不必填写或可能不显示。

3）使用双引号表示字符串数据"string"。

例如，AT+CWJAP="ALIENTEK"，"15902020353"。

4）波特率为15200。

5）输入以回车换行结尾"\r\n"。

模块可以通过USB-TTL实现指令配置，ESP8266与USB-TTL模块接线见表9-3。

表9-3　ESP8266与USB-TTL模块接线

ESP8266模块	USB-TTL
GND	GND
VCC	3.3V
RXD	TXD
TXD	RXD
CH_PD	3.3V

ESP8266与模块接线图如图9-26所示。

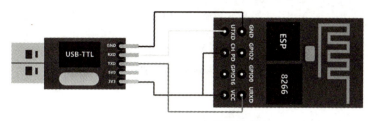

图9-26　ESP8266与模块接线图

9.3.2　空气温湿度传感器

气象数据中需要采集温湿度，这里选择数字温湿度传感器DHT11作为温湿度采集模块。

DHT11数字温湿度传感器是一款含有已校准数字信号输出的温湿度复合传感器。它应用专用的数字模块采集技术和温湿度传感技术，确保产品具有极高的可靠性与卓越的长期稳定性。传感器包括一个电阻式感湿元件和一个NTC测温元件，并与一个高性能8位单片机相连接。因此，该模块具有品质卓越、超快响应、抗干扰能力强、性价比极高等优点。每个DHT11传感器都在极为精确的湿度校验室中进行校准。校准系数以程序的形式储存在OTP内存中，传感器内部在检测信号的处理过程中要调用这些校准系数。单线制串行接口使系统集成变得简易、快捷。超小的体积、极低的功耗，信号传输距离可达20m以上，使其成为各类应用场景的最佳选择。

DHT11传感器模块实物图如图9-27所示。

图9-27　DHT11传感器模块实物图

DHT11传感器模块有3根引脚，其引脚与功能见表9-4。

表9-4　模块引脚及功能

序号	引脚名称	功能说明
1	GND	GND
2	DATA	串行数据，单总线
3	VCC	供电3～5.5V

DHT11传感器模块采用简化的单总线通信。单总线即只有一根数据线，系统中的数据交换、控制均由单总线完成。单总线通常要求外接一个约5.1kΩ的上拉电阻，这样，当总线闲置时，其状态为高电平。由于它们是主从结构，只有主机呼叫从机时，从机才能应答，因此主机访问器件都必须严格遵循单总线序列，如果出现序列混乱，那么器件将不响应主机。

模块与单片机之间的电路设计图如图9-28所示。

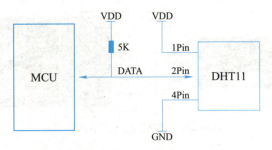

图9-28 模块与单片机之间的电路设计图

DHT11数字湿温度传感器采用单总线数据格式。单个数据引脚端口完成输入和输出双向传输。其数据包由5Byte（40bit）组成。数据分小数部分和整数部分，一次完整的数据传输为40bit，高位先出。DHT11的数据格式为8bit湿度整数数据+8bit湿度小数数据+8bit温度整数数据+8bit温度小数数据+8bit校验和。其中，校验和数据为前4个字节相加。传感器数据输出的是未编码的二进制数据。数据（湿度、温度、整数、小数）之间应该分开处理。

9.3.3 气压传感器

BMP180是Bosch Sensortec的一种高精度数字气压和温度传感器。使用BMP180可以测量环境温度、压力和高度。BMP180是超低功耗、低电压的电子元件，经过优化，具有高精度和高稳定性，适用于移动电话、PDA、GPS导航设备和户外设备。它由压阻传感器、模数转换器及带E2PROM和串行I^2C接口的控制单元组成。

BMP180提供未补偿的原始压力值和温度值。E2PROM中存储了176位的校准参数，使用这些参数可以补偿传感器的偏移量、温度依赖性等参数。

BMP180传感器模块实物图如图9-29所示。

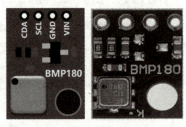

BOSCH BMP180是测量压力和海拔高度最常用的传感器之一，常被应用于GPS精准导航（航位推算、上下桥检测等）、航模等一些需要高精度数据的场合，以及天气预报、垂直速度指示（上升/下沉速度）等领域。

图9-29 BMP180传感器模块实物图

BMP180传感器模块有4根引脚，其引脚与功能见表9-5。

表9-5 模块引脚及功能

序 号	引 脚 名 称	功 能 说 明
1	VCC	3.3V
2	GND	地线
3	SCL	I^2C通信模式时钟信号
4	SDA	I^2C通信模式数据信号

模块采用I^2C通信，通常会在数据线和信号线接两个5kΩ左右的上拉电阻，这样，当总线闲置时，其状态为高电平。BMP180电路设计图如图9-30所示。

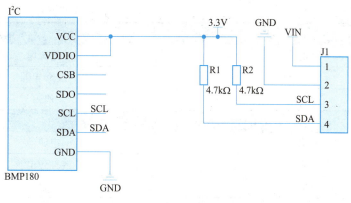

图9-30　BMP180电路设计图

9.4　气象数据采集系统软件设计

这里选择STM32F103C8T6最小系统作为核心处理器（MCU），其实物图如图9-31所示。DHT11与BMP180传感器分别采集温湿度和气压数据，单片机（STM32）将采集到的数据处理后通过串口发给ESP8266无线模块，无线模块将数据通过WiFi发送至远程终端并存入数据库（MySQL），终端将通过实时访问数据库实现数据提取的实时显示。

扫码观看视频

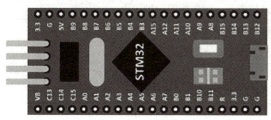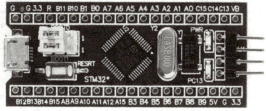

图9-31　STM32F103C8T6最小系统实物图

这里所需硬件设备有STM32F103C8T6最小系统、DHT11温湿度模块、BMP180气压模块、ESP8266无线通信模块。各模块与STM32之间的接线见表9-6。

表9-6　各模块与STM32之间的接线表

模块（ESP8266）	STM32
GND	电源地
VCC	接3.3V电源
URXD	PA9（USART1_TX）
UTXD	PA10（USART1_RX）
CH_PD	接3.3V电源

（续）

模块（温湿度）	STM32
GND	电源地
VCC	接5V电源
DATA	PB8
模块（压力传感器）	STM32
GND	电源地
VCC	接3.3V电源
SCL	PB6
SDA	PB7

9.4.1 无线通信实现

无线通信模块ESP8266支持AT指令实现WiFi通信功能，这里将模块设置成客户端，计算机作为服务端，实现气象数据的远程传输、存储与显示。所使用的AT指令见表9-7。

表9-7 模块作为客户端的AT指令

AT指令	功能
AT+CWMODE=3	设置AP+Station模式（计算机串口助手）
AT+RST	重启模块（计算机串口助手）
AT+CWSAP="WANTIN","123456",1,0,4,0	设置AP模式下的WiFi名称、密码等（计算机串口助手）
AT+CIPMODE=1	透传模式（计算机串口助手）
AT+CIPMUX=1	多路连接模式（计算机串口助手）
手机连接模块	手机端口号设置成8080（手机端调试助手）
AT+CIPSTART="TCP","192.168.4.2",8080	建立TCP连接（计算机串口助手）
AT+CIPSEND	发送数据（该指令必须在开启透传模式下使用，计算机串口助手）

WiFi名称修改一次即可，掉电不丢失。

```
AT+CWSAP="WANTIN","123456",1,0,4,0
```

当计算机端启动服务后，等待模块连接服务器。嵌入式部分的核心代码如下：

```
1.  char ATCom0[] = "AT+CWMODE=3\r\n";
2.  char ATCom1[] = "AT+CIPMODE=1\r\n";
3.  char ATCom2[] = "AT+CIPMUX=1\r\n";
4.  char ATCom3[] = "AT+CIPSTART=\"TCP\",\"192.168.4.2\",8080\r\n";
5.  char ATCom4[] = "AT+CIPSEND\r\n";
6.  delay_init();                              //延时函数初始化
7.  uart_init(115200);                         //串口1函数初始化
8.  //************************AT指令*********START**********************//
9.  for(i=0;i<strlen(ATCom0);i++)              //"AT+CWMODE=3\r\n";
```

```
10. {
11.     USART_SendData(USART1, ATCom0[i]);
12.     delay_ms(1);
13. }
14. for(i=0;i<strlen(ATCom1);i++)                    //"AT+CIPMODE=1\r\n";
15. {
16.     USART_SendData(USART1, ATCom1[i]);
17.     delay_ms(1);
18. }
19. delay_ms(100);
20. for(i=0;i<strlen(ATCom2);i++)                    //"AT+CIPMUX=0\r\n"
21. {
22.     USART_SendData(USART1, ATCom2[i]);
23.     delay_ms(1);
24. }
25. delay_ms(100);
26. for(i=0;i<strlen(ATCom3);i++)   //"AT+CIPSTART=\"TCP\",\"192.168.4.2\",8080\r\n";
27. {
28.     USART_SendData(USART1, ATCom3[i]);
29.     delay_ms(1);
30. }
31. delay_ms(100);
32. for(i=0;i<strlen(ATCom4);i++)                    //"AT+CIPSEND\r\n";
33. {
34.     USART_SendData(USART1, ATCom4[i]);
35.     delay_ms(1);
36. }
37. delay_ms(100);
```

9.4.2 温湿度数据采集软件实现

DHT11温湿度传感器模块是单总线数据格式，即单个数据引脚端口完成输入和输出双向传输。其数据包由5Byte（40bit）组成。数据分小数部分和整数部分，一次完整的数据传输为40bit，高位先出。DHT11的数据格式为8bit湿度整数数据+8bit湿度小数数据+8bit温度整数数据+8bit温度小数数据+8bit校验和。其中，校验和数据为前4个字节相加。传感器数据输出的是未编码的二进制数据。数据（湿度、温度、整数、小数）之间应该分开处理。例如，某次从DHT11读到的数据的数据结构如图9-32所示。

byte4	byte3	byte2	byte1	byte0
0010 1101	0000 0000	0001 1100	00000000	0100 1001
整数	小数	整数	小数	校验和
湿度		温度		校验和

图9-32 某次从DHT11读到的数据的数据结构

由以上数据就可得到湿度和温度的值，计算方法：

- 湿度=byte4.byte3=45.0(%RH)
- 温度=byte2.byte1=28.0(℃)
- 校验=byte4+byte3+byte2+byte1=73(=湿度+温度)(校验正确)

可以看出，DHT11的数据格式是十分简单的。DHT11和MCU的一次通信时间最长为3ms左右，建议主机连续读取的时间间隔不要小于100ms。

模块核心代码如下：

```
1.  void COM(void)                                  //启动读取
2.  {
3.     uint8_t i;
4.     for(i=0;i<8;i++)
5.     {
6.         U8FLAG=2;                                //初始化
7.         while((!DHT11_SDA_READ())&&U8FLAG++);    //读端口采集，低电平表示起始信号
8.         dht11_delay_us(10);
9.         dht11_delay_us(10);
10.        dht11_delay_us(10);                      //等待
11.        U8temp=0;
12.        if(DHT11_SDA_READ())U8temp=1;
13.        U8FLAG=2;
14.        while((DHT11_SDA_READ())&&U8FLAG++);     //读取
15.        if(U8FLAG==1)break;
16.        U8comdata<<=1;
17.        U8comdata|=U8temp;
18.     }
19.
20. }
21.
22.
23. void RH(void)   //
24. {
25.     DHT11_SDA_L();                              //拉低
26.     dht11_delay_ms(18);
27.     DHT11_SDA_H();                              //拉高
28.     dht11_delay_us(10);
29.     dht11_delay_us(10);
30.     dht11_delay_us(10);
31.     dht11_delay_us(10);                         //等待
32.     if(!DHT11_SDA_READ())                       //低电平进入
33.     {
34.         U8FLAG=2;
35.         while((!DHT11_SDA_READ())&&U8FLAG++);   //数据等待
```

```
36.         U8FLAG=2;
37.         while((DHT11_SDA_READ())&&U8FLAG++);    //启动
38.         COM();
39.         U8RH_data_H_temp=U8comdata;              //读取湿度高位
40.         COM();
41.         U8RH_data_L_temp=U8comdata;              //读取湿度低位
42.         COM();
43.         U8T_data_H_temp=U8comdata;               //读取温度高位
44.         COM();
45.         U8T_data_L_temp=U8comdata;               //读取温度低位
46.         COM();
47.         U8checkdata_temp=U8comdata;   //校验位
48.
49.         DHT11_SDA_H();
50.
51.     U8temp=(U8T_data_H_temp+U8T_data_L_temp+U8RH_data_H_temp+U8RH_data_L_temp);//40位数据相加
52.         if(U8temp==U8checkdata_temp)             //数据校验对比
53.         {
54.             U8RH_data_H=U8RH_data_H_temp;        //把读取值输出
55.             U8RH_data_L=U8RH_data_L_temp;
56.             U8T_data_H=U8T_data_H_temp;
57.             U8T_data_L=U8T_data_L_temp;
58.             U8checkdata=U8checkdata_temp;
59.         }
60.     }
61. }
```

9.4.3 气压数据采集软件实现

气压传感器模块采用的是I^2C通信。这里采用的是模拟I^2C通信,以实现气压数据的读取。不同内部采样设置(OSS)见表9-8。要想测量压力,需要往0xF4寄存器写入值0x34(oss值不同,此值不同),即开启压力测量过程,延时之后读取0xF6寄存器的值,即可求得压力值。

表9-8 不同内部采样设置(OSS)

测 量	控制寄存器的值	最大转化时间/ms
温度	0x2E	4.5
Pressure(oss=0)	0x34	4.5
Pressure(oss=1)	0x74	7.5
Pressure(oss=2)	0xB4	13.5
Pressure(oss=3)	0xF4	25.5

气压读取的部分核心代码如下:

```
1.  //***************************************************************
2.  u16 bmp180ReadPressure(void)
3.  {
4.      int cnt = 0;
5.      IIC_Start();                          //起始信号
6.      IIC_Send_Byte(BMP180_SlaveAddress);   //发送设备地址+写信号
7.      cnt = 0;
8.      while(IIC_Wait_Ack())                 //需要增加超时退出机制,避免卡死
9.      {
10.         cnt++;
11.         delay_ms(1);
12.         if(cnt>=100)return 1;
13.     }
14.     IIC_Send_Byte(0xF4);                  //写入寄存器地址
15.     cnt = 0;
16.     while(IIC_Wait_Ack())                 //需要增加超时退出机制,避免卡死
17.     {
18.         cnt++;
19.         delay_ms(1);
20.         if(cnt>=100)return 1;
21.     }
22.     IIC_Send_Byte(0x34);                  //写入压力寄存器
23.     cnt = 0;
24.     while(IIC_Wait_Ack())                 //需要增加超时退出机制,避免卡死
25.     {
26.         cnt++;
27.         delay_ms(1);
28.         if(cnt>=100)return 1;
29.     }
30.     IIC_Stop();                           //发送停止信号
31.     delay_ms(20);                         //最长时间为4.5ms
32.     return Multiple_read(0xF6);
33. }
```

上面得到的压力值是未经过校准的值。如果要想得到相对准确的值,就需要经过校准,校准系数保存在E2PROM中。

BMP180中有一个176位的E2PROM,它被划分为11个字(Word)。每个字16位,对应11个校准系数。每个传感器模块都有单独的系数,在第一次计算压力时,主机读取E2PROM数据,通过读取的值查看是否存在值为0x0000或者0XFFFF的字,从而判断数据通信是否正常。

代码如下:

```
1.  void Init_BMP180()
2.  {
3.      IIC_Init();
4.      ac1 = Multiple_read(0xAA);
5.      ac2 = Multiple_read(0xAC);
6.      ac3 = Multiple_read(0xAE);
7.      ac4 = Multiple_read(0xB0);
8.      ac5 = Multiple_read(0xB2);
9.      ac6 = Multiple_read(0xB4);
10.     b1 = Multiple_read(0xB6);
11.     b2 = Multiple_read(0xB8);
12.     mb = Multiple_read(0xBA);
13.     mc = Multiple_read(0xBC);
14.     md = Multiple_read(0xBE);
15. }
16. //*******************************************************************
17. void bmp180Convert()
18. {
19.     unsigned int ut;
20.     unsigned long up;
21.     long x1, x2, b5, b6, x3, b3, p;
22.     unsigned long b4, b7;
23.
24.     ut = bmp180ReadTemp();        // 读取温度
25.     up = bmp180ReadPressure();    // 读取压强
26.     x1 = (((long)ut - (long)ac6)*(long)ac5) >> 15;
27.     x2 = ((long) mc << 11) / (x1 + md);
28.     b5 = x1 + x2;
29.     result_UT = ((b5 + 8) >> 4);
30.     b6 = b5 - 4000;
31.                                   // 计算 b3
32.     x1 = (b2 * (b6 * b6)>>12)>>11;
33.     x2 = (ac2 * b6)>>11;
34.     x3 = x1 + x2;
35.     b3 = (((((long)ac1)*4 + x3)<<OSS) + 2)>>2;
36.                                   // 计算 b4
37.     x1 = (ac3 * b6)>>13;
38.     x2 = (b1 * ((b6 * b6)>>12))>>16;
39.     x3 = ((x1 + x2) + 2)>>2;
40.     b4 = (ac4 * (unsigned long)(x3 + 32768))>>15;
41.
42.     b7 = ((unsigned long)(up - b3) * (50000>>OSS));
```

```
43.        if (b7 < 0x80000000)
44.        p = (b7<<1)/b4;
45.        else
46.        p = (b7/b4)<<1;
47.
48.        x1 = (p>>8) * (p>>8);
49.        x1 = (x1 * 3038)>>16;
50.        x2 = (-7357 * p)>>16;
51.        result_UP = p+((x1 + x2 + 3791)>>4);
52.    }
```

9.4.4 数据采集存储

选用编程环境VC++ 6.0，实现计算机作为服务端循环接收WiFi数据，完整的代码如下：

```
1.  #include <stdio.h>
2.  #include <winsock2.h>
3.  #include <WS2tcpip.h>
4.  #pragma comment (lib, "ws2_32.lib")
5.
6.  int main()
7.  {
8.      WSADATA wsaData;
9.      WSAStartup(MAKEWORD(2, 2), &wsaData);
10.     SOCKET servSock = socket(PF_INET, SOCK_STREAM, IPPROTO_TCP);
11.     struct sockaddr_in sockAddr;
12.     memset(&sockAddr, 0, sizeof(sockAddr));
13.     sockAddr.sin_family = AF_INET;
14.     sockAddr.sin_port = htons(8080);
15.     sockAddr.sin_addr.s_addr = inet_addr("192.168.4.2");
16.     bind(servSock, (SOCKADDR*)&sockAddr, sizeof(SOCKADDR));
17.     listen(servSock, 20);
18.     SOCKADDR clntAddr;
19.     int nSize = sizeof(SOCKADDR);
20.     SOCKET clntSock = accept(servSock, (SOCKADDR*)&clntAddr, &nSize);
21.     char buf[128];
22.     int recvbyte;
23.     while (1)
24.     {
25.         recvbyte = recv(clntSock, buf, sizeof(buf), 0);
26.         if (recvbyte < 0)
27.         {
28.             perror(" recv error. ");
29.             return -1;
30.         }
```

```
31.          else if (recvbyte == 0)
32.          {
33.              printf("client exit. \n");
34.              break;
35.          }
36.          else
37.          {
38.              buf[recvbyte] = '\0';
39.              printf(" buf :%s\n", buf);
40.          }
41.      }
42.      closesocket(clntSock);
43.      closesocket(servSock);
44.      WSACleanup();
45.      return 0;
46. }
```

9.5 温湿度采集数据可视化显示

在前几个任务中分别实现了Django项目的构建，以及Django与Pyecharts、MySQL数据库的接入。任务9.3中完成了基于硬件系统的温湿度、气压数据的采集。本节将在以上任务的基础上，实现将采集到的数据以可视化视图展示。

（1）数据库中读取采集的实时数据

任务9.3中将采集到温湿度、气压数据存储在了greenhousesdata库的temptable表中。读取该表中的数据信息。如果将表中的数据全部读取，则可能存在较多的数据信息，显示不充分，此时可以根据需要设计要显示的数据时间段。显示一段时间内的数据，其一般格式为：

SELECT*FROM表名称WHERE表字段BETWEEN"开始时间"AND"结束时间"

语句：SELECT*FROM TEMPTABLE WHERE TIME BETWEEN "2022-02-01" AND "2022-03-31"，显示2022年2月1日到2022年3月1之间的数据。

显示一段时间的数据，需要两个时间节点，即开始统计的时间和结束统计的时间。这里以当前时间为结束时间的节点，前推一周、一个月或更长时间作为开始时间的节点，设计时间获取函数，返回两个时间节点，即ago和now。代码如下：

```
1. def get_time_period(days):
2.     now_time = datetime.datetime.now()
3.     str_time = now_time.strftime("%Y-%m-%d %H:%M:%S")
```

```
4.    tup_time = time.strptime(str_time, "%Y-%m-%d %H:%M:%S")
5.    time_sec = time.mktime(tup_time)
6.    tup_time2 = time.localtime(time_sec)
7.    now = time.strftime('%Y-%m-%d %H:%M:%S', tup_time2)
8.    ago_time = now_time - datetime.timedelta(days=days)  #当前时间往前推days天
9.    str_ago = ago_time.strftime("%Y-%m-%d %H:%M:%S")
10.   tup_ago = time.strptime(str_ago, "%Y-%m-%d %H:%M:%S")
11.   ago_sec = time.mktime(tup_ago)
12.   tup_ago2 = time.localtime(ago_sec)
13.   ago = time.strftime('%Y-%m-%d %H:%M:%S', tup_ago2)
14.   return now,ago
```

get_time_period(days)函数的作用是获取当前时间（记作now），以及距离当前时间days天的某一个时间ago。这里将这两个变量作为数据库读取数据的条件。修改读取数据库函数如下：

```
1.  def getTempData(days):
2.      now,ago = get_time_period(days)    #获取days天内的数据
3.      link = linkMysql()
4.      cur = link.cursor()                # 生成游标对象
5.      #获取一段时间内的数据
6.      sql = "select * from temptable where TIME BETWEEN "+"\""+ago+"\""+"AND"+"\""+now+"\""
7.      print(sql)
8.      cur.execute(sql)                   # 执行SQL语句
9.      data = cur.fetchall()              # 通过fetchall()方法获得数据
10.     cur.close()                        # 关闭游标
11.     link.close()                       # 关闭连接
12.     return data
```

getTempData()函数中调用了get_time_period()函数，传入参数7，即获取7天内的监测数据。修改SQL语句，将get_time_period(7)返回的ago和now变量分别作为数据统计的开始时间和结束数据。将最终查询的数据存入data中，其数据格式为((21,datetime.datetime(2022,6,15,4,34,33),26.8,68.3,1007.0),(22,datetime.datetime(2022,6,15,6,0)))，可见返回的data数据为元组类型，其每一个子元素都作为一条测试数据。

（2）修改可视化视图文件

在Django与Pyecharts相结合创建可视化图标的案例中，data/get_temp_humid()视图返回了温湿度数据，但是其中的数据是程序中直接给定的，修改data/views.py视图文件中的get_temp_humid()函数，将该函数中生成折线的数据修改为getTempData()函数返回的data内容。

修改data/views.py/get_temp_humid()函数如下：

```
1.  def get_temp_humid(request):
2.
3.      import pyecharts.options as opts
4.      from pyecharts.charts import Line
5.      x = []
6.      y_temp = []
7.      y_humd = []
8.      datas = data_util.getTempData(7)
9.      for data in datas:
10.         x.append(data[2].strftime("%Y-%m-%d %H时:%M:%S")[5:-6])  #截取time
11.         y_temp.append(data[1])
12.         y_humd.append(data[0])
13.     line = (
14.         Line()
15.         .add_xaxis(xaxis_data=x)
16.         .add_yaxis(series_name="温度", y_axis=y_temp, symbol="emptyCircle", is_symbol_show=True, symbol_size=8)
17.         .add_yaxis(series_name="湿度", y_axis=y_humd, symbol="emptyCircle", )
18.         .set_global_opts(title_opts=opts.TitleOpts(title="今日气象数据"))
19.     )
        return HttpResponse(line.render_embed())
```

x轴表示时间，y轴分别表示温度、湿度数据，根据数据在数据库中的存储顺序，将data_util.getTempData(7)获取到的datas数据进行遍历和处理，生成x轴时间列表及y_temp、y_humd列表，再生成折线视图。温湿度数据显示如图9-33所示。

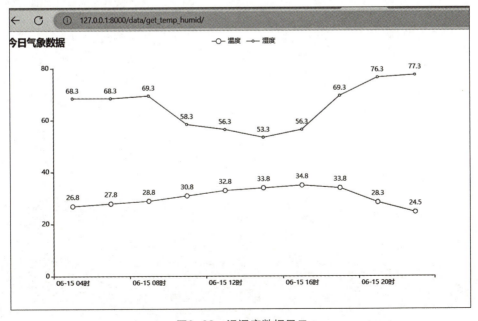

图9-33　温湿度数据显示

9.6 小结

本单元主要使用Django框架简单搭建了气象数据采集监测系统,完成了传感器数据采集并通过WiFi传输数据,将数据上传至数据库,Django结合MySQL将采集的数据实时读取并通过Pyecharts可视化视图显示等功能。

9.7 习题

创新小尝试：设计温室大棚恒温恒光自动控制系统

你能利用本单元所学尝试设计一款温室大棚的智能控制系统吗？该系统可实现对温度、湿度、光照度、二氧化氮浓度等各项指标的实时监测,并根据监测数据设计预测模型,远程控制设备的自动开启和关闭。

参 考 文 献

[1] 李佳宇．Python零基础入门学习[M]．北京：清华大学出版社，2016．

[2] 刘浪．Python基础教程[M]．北京：人民邮电出版社，2015．

[3] 刘衍琦，詹福宇．计算机视觉与深度学习实战[M]．北京：电子工业出版社，2019．

[4] 刘宏哲，袁家政，郑永荣．计算机视觉算法与智能车应用[M]．北京：电子工业出版社，2015．

[5] 安翔．物联网Python开发实战[M]．北京：电子工业出版社，2018．